基于工作过程导向的项目化创新系列教材
高等职业教育机电类"十四五"规划教材

工程制图CAD
（非机械类）（第3版）

Gongcheng Zhitu yu CAD

▲主　编　刘瑞荣　王　谨
▲副主编　项　春　王　莺

华中科技大学出版社
http://www.hustp.com
中国·武汉

图书在版编目(CIP)数据

工程制图与CAD(非机械类)/刘瑞荣,王谨主编.—3版.—武汉:华中科技大学出版社,2015.9(2023.8重印)

ISBN 978-7-5680-1242-3

Ⅰ.①工… Ⅱ.①刘… ②王… Ⅲ.①工程制图-AutoCAD软件-高等学校-教材

Ⅳ.①TB237-44

中国版本图书馆 CIP 数据核字(2015)第 229361 号

工程制图与CAD(非机械类)(第 3 版)　　　　　　　　刘瑞荣　王　谨　主编

策划编辑:张　毅
责任编辑:张　毅
封面设计:范翠璇
责任校对:刘　竣
责任监印:张正林
出版发行:华中科技大学出版社(中国·武汉)
　　　　　武昌喻家山　　邮编:430074　　电话:(027)81321913
录　　排:龙文装帧
印　　刷:武汉市首壹印务有限公司
开　　本:787mm×1092mm　1/16
印　　张:16.25
字　　数:401千字
版　　次:2023 年 8 月第 3 版第 8 次印刷
定　　价:42.00 元

本次修订保持了原有体系和特色,始终坚持实践能力与职业技能的培养,以必须够用为度,对内容作了如下修订。

(1)在总结了前两版经验的基础上,为了更好地适应教学改革,对部分章节做了改动,并更换了插图。

(2)对计算机绘图部分进行全部重新编写,均采用实例讲解,适合项目式教学。

(3)增加了"计算机绘制装配图的方法"一节,以适应"CAD技能一级考试(工业产品类)"的要求。

(4)零件图的技术要求按最新国家标准修订。

(5)附录中增加了"AutoCAD 2006快捷键",使学生能方便记忆,以增加画图速度。

(6)与本书配套的《工程制图与CAD习题集(非机械类)》也同时进行了修订,其内容与本书紧密结合,增加了一套2010年6月"CAD技能一级考试(工业产品类)试题"。学生通过对这一套教材的学习,不仅可以掌握制图的技能,还能为参加中国制图协会主办的"CAD技能一级考试"做准备,有助于获得职业资格证书。

参加本次修订工作的有:武汉电力职业技术学院刘瑞荣、王谨,浙江水利水电学院项春、王莺。全书由刘瑞荣策划、统稿,由刘瑞荣、王谨担任主编,项春、王莹担任副主编。

由于作者水平和时间有限,书中难免有错误和不妥之处,欢迎广大的读者提出宝贵意见,以便修订完善。

编　者

本书根据高职高专非机械类专业学时少的特点,以教育培养生产第一线高级专门人才为目标而编写。

本书尊重教学规律,系统地介绍了制图的基本知识、几何作图、投影作图、机件常用的表达方法、零件图与装配图的识读、计算机绘图、电气工程制图等;注重实践能力和职业技能的培养,在内容编写上注重对学生识图、读图的基本技能和使用计算机绘图能力的训练,以画促读,贴近岗位。

本书计算机绘图部分采用当前通用的美国 Autodesk 公司 AutoCAD 的软件,将其内容穿插于制图理论中,便于学生迅速入门,使手工绘图和计算机绘图同步进行,满足现代教学需求。

针对电气、电子专业的需要,本书第 11 章专门讲述了电气图,通过学习,学生可掌握国家标准对电气图的规定,初步具备识读系统图和框图、电路图、接线图和接线表、功能表图、印制板电气图的基本能力,为学习后续课程打下基础。

本书各章内容均按最新的"技术制图"与"机械制图"的相关国家标准而编写,尽量体现新知识、新技术、新方法,以利于学生综合素质的形成和科学思维方式与创新能力的培养。

为了便于学生自学,书中的文字叙述通俗、详尽,图例丰富,所选零部件的图样尽量做到既源于生产实际,又紧密结合专业需要;全书大量使用立体图,利于培养学生的空间想象能力。

与本书配套的《工程制图与 CAD 习题集(非机械类)》将同时出版,习题集的编排顺序与本书紧密结合,并有一定余量,供学生和教师取舍。另外,习题集中附加两套理论测试卷和一套 CAD 国家中级制图员考卷可供模拟考试。

本书是电气、电子、计算机、市场营销、工业管理等专业制图课程 40～70 学时的教学用书,也可供其他学时较少的非机械类专业作教学用书,以及用于技术工人培训和职工自学。

参加本书编写的有:武汉电力职业技术学院刘瑞荣(前言,绪论,第 1 章,第 4 章,第 10章,第 11 章);武汉电力职业技术学院王瑾(第 3 章中 1、2、3、4 节,第 5 章,第 6 章中 1、2、3、4节);浙江水利水电学院项春(第 7 章中 1、2、3、4 节,第 9 章中 1、2、3、4 节);贵州电子信息职业技术学院吴家福(第 2 章,第 3 章中第 5 节,第 6 章中第 5 节,第 7 章中第 5 节,第 9 章中第 5节);浙江水利水电学院王莺(第 8 章)。全书由刘瑞荣统稿,由刘瑞荣、王瑾主编。

限于作者水平和时间有限,书中难免有错误和不妥之处,欢迎广大的读者提出宝贵意见,以便修订完善。

编　者
2009 年 1 月

目录 MULU

第0章 绪论 ·· (1)

0.1 本课程的性质及研究对象 ·· (1)

0.2 本课程的学习目标 ·· (2)

0.3 本课程的主要内容与学习方法 ······································ (2)

第1章 制图的基本知识和技能 ·· (3)

1.1 绘图工具和用品的使用方法 ·· (3)

1.2 制图的基本规定 ·· (6)

1.3 几何作图 ·· (14)

1.4 平面图形的画法 ·· (17)

1.5 徒手画图的方法 ·· (19)

第2章 计算机绘图基础 ·· (23)

2.1 尝试用 AutoCAD 绘图 ·· (23)

2.2 制作 A3 样板图 ·· (26)

2.3 绘制平面图形 ·· (42)

2.4 标注平面图形的尺寸 ·· (55)

2.5 复杂平面图形综合实例 ·· (61)

2.6 图形的输出 ·· (65)

第3章 投影与视图基础 ·· (70)

3.1 投影法 ·· (70)

3.2 物体的三视图 ·· (73)

3.3 点、直线、平面的投影特性 ·· (76)

3.4 几何体的投影 ·· (81)

3.5 计算机绘制三视图的方法 ·· (88)

第4章 识读截断体与相贯体的三视图 ·································· (91)

4.1 截断体 ·· (91)

4.2 相贯体 ·· (99)

第 5 章　绘制轴测图的方法 ·· (104)

　　5.1　轴测图的基本知识 ·· (104)

　　5.2　正等测图的画法 ··· (105)

　　5.3　斜二测图的画法 ··· (110)

第 6 章　组合体的三视图 ·· (112)

　　6.1　组合体形体分析 ··· (112)

　　6.2　画组合体视图 ··· (113)

　　6.3　读组合体视图 ··· (115)

　　6.4　标注组合体尺寸 ··· (121)

　　6.5　计算机绘制组合体视图的方法 ·· (124)

第 7 章　机件的表达方法 ·· (130)

　　7.1　视图 ·· (130)

　　7.2　剖视图 ·· (133)

　　7.3　断面图 ·· (139)

　　7.4　局部放大图与简化画法 ··· (141)

　　7.5　计算机绘制剖视图的方法 ··· (143)

第 8 章　识读标准件与常用件 ··· (147)

　　8.1　螺纹及螺纹紧固件 ·· (147)

　　8.2　直齿圆柱齿轮 ··· (153)

　　8.3　键连接和销连接 ··· (156)

　　8.4　滚动轴承 ··· (158)

　　8.5　弹簧 ·· (160)

第 9 章　零件图 ··· (162)

　　9.1　零件图的作用和内容 ·· (162)

　　9.2　零件图上的技术要求 ·· (163)

　　9.3　零件的工艺结构 ··· (168)

　　9.4　识读零件图 ··· (173)

　　9.5　计算机绘制零件图的方法 ··· (174)

第 10 章　装配图 ·· (192)

　　10.1　装配图概述 ··· (192)

　　10.2　识读装配图 ··· (200)

　　10.3　计算机绘制装配图的方法 ·· (203)

第 11 章 电气图 ·· （212）

11.1 电气图的作用和特点 ······························· （212）

11.2 电气图的一般规定 ································· （213）

11.3 电气图的基本表示法 ····························· （216）

11.4 电气符号 ······································· （221）

11.5 电气简图的画法 ································· （223）

11.6 电气系统图 ··································· （225）

附录 A AutoCAD 2006 快捷键 ······················· （243）

附录 B 普通螺纹直径与螺距 ························· （244）

附录 C 55°非密封管螺纹 ··························· （245）

附录 D 轴的极限偏差 ····························· （246）

附录 E 孔的极限偏差 ····························· （248）

参考文献··· （250）

第 0 章 绪 论

0.1 本课程的性质及研究对象

本课程是研究工程图样的绘制和识读规律及方法的一门学科,图样是根据投影的原理、国家制图标准或有关规定,能准确表达物体形状、尺寸及技术要求的图。例如,图 0-1 所示的支柱绝缘子磁体零件图。

人们常把图样称为"工程界的语言",生产中,设计者用图样来表达设计对象,制造者按照图样来了解制造要求并进行制造,使用者根据图样来了解事物的结构、使用性能并进行管理。因此机械图样是机械行业中人们表达设计思想,进行技术交流的依据,每个工程技术人员必须掌握绘制图样的基本理论,必须具有较强的绘图和读图技能,以适应生产和科技发展的需要。

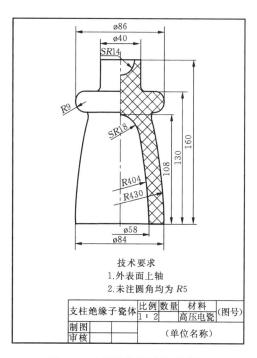

图 0-1　支柱绝缘子磁体零件图

0.2 本课程的学习目标

本课程的学习目标如下。

(1)掌握"技术制图"、"机械制图"等相关标准和用正投影法图示空间物体的基本理论和方法。

(2)学会绘制和识读工程图样的基本知识、方法和技能。

(3)学会正确使用绘图仪器和计算机软件及徒手画图的技能。

(4)培养较强的空间想象能力和思维能力。

(5)培养严谨细致的工作作风和认真负责的工作态度,具有良好的职业道德。

0.3 本课程的主要内容与学习方法

1.主要内容

本课程的主要内容包括:①制图基本知识与技能;②投影作图基础;③工程图样;④计算机绘图。

2.学习方法

本课程的特点是既有系统理论又偏重于实践。一般对理论的理解并不难,难的是在绘图和读图的实际应用上。因此,在学习本课程时要特别注意以下几点。

1)将投影分析与空间分析紧密结合

本课程是以"图"为中心的,除了切实掌握基本理论外,更应注重空间形体与其投影之间的相互关系,要多看、多画、多想,不断地"由物到图"、"由图到物",反复进行研究与思考,逐步提高投影分析能力和空间想象能力。

2)学与练相结合

本课程具有较强的实践性,因此,在学习过程中,除了要掌握基本理论和分析解决问题的方法外,还应保质保量地完成一定数量的习题,尤其是要利用大量的课余时间进行 AutoCAD 上机训练。

3)严格遵守国家标准

"技术制图"、"机械制图"等相关国家标准是评价工程图样是否合格的重要依据,也是生产管理和技术交流的保障,因此,要认真学习国家标准的相关内容并严格遵守。

4)充分认识工程图样的严肃性

由于工程图样在生产实际中起着很重要的作用,其中任何一点差错都会给生产带来不应有的损失,甚至造成重大的经济损失。因此,绘图时切忌粗心大意、草率从事,必须耐心、细致,一丝不苟,培养认真负责的工作态度和严谨细致的工作作风。

第 *1* 章　制图的基本知识和技能

本章简要介绍国家标准对制图的有关规定和常见的绘图方式及几何作图方法。

1.1　绘图工具和用品的使用方法

正确使用绘图工具和仪器是确保绘图质量，提高绘图速度的重要因素。本节简要介绍常用的制图工具、仪器及其使用方法。

一、图板

图板是供铺放、固定图纸用的矩形木板，其工作表面应平整（见图 1-1）。图板的左侧边称为导边，应平直光滑。绘图时，用胶带纸将绘图用纸固定在适当位置上。

二、丁字尺和三角板

丁字尺由尺头和尺身构成，主要用来绘制水平线（见图 1-1），配合三角板画垂直线（见图 1-2）和常用角度的斜线（见图 1 3）。使用时，尺头内侧必须靠紧图板的导边，再上下移动到绘图所需的位置绘图。

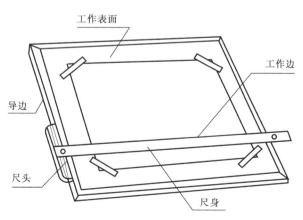

工作表面

工作边

导边

尺头

尺身

图 1-1　图板和丁字尺配合画水平线

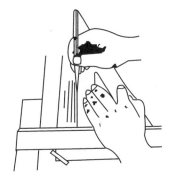
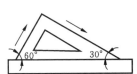

图 1-2　用三角板和丁字尺画垂线　　　　图 1-3　用三角板和丁字尺配合画 15°倍数角斜线

三、圆规

圆规用来绘制圆和圆弧。在使用前应先调整圆规针腿,使针尖略长于铅芯,圆规的铅芯可磨削成约 75°的斜面,如图 1-4(a)所示,画图时应使针尖和铅芯尽可能与纸面垂直,然后按顺时针方向并稍有倾斜地转动圆规,如图 1-4(b)、(c)所示。

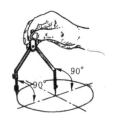

(a)铅芯脚和针脚高低的调整　　(b)画圆时,针脚和铅芯脚都应垂直纸面　　(c)画圆时,圆规应按顺时针方向旋转并稍向前倾斜

图 1-4　用圆规画图

四、分规

分规是用来量取线段的长度和等分线段的工具。分规的两腿端部均为钢针,当两腿合拢时,两针尖应对齐。分规的使用方法如图 1-5 所示。

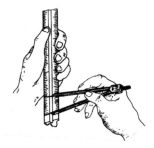

正确　错误

(a)针尖对齐　　　　(b)调整分规的手法　　　　(c)截取尺寸的手法

图 1-5　分规的使用方法

五、绘图纸

绘图纸应质地坚实且洁白,不易起毛。绘图前,应用丁字尺测绘绘图纸的水平边使其放正,然后将其固定在图板上。

六、绘图铅笔

绘图铅笔的铅芯有"软"、"硬"之分,可根据铅笔杆上的字母来辨认,字母 B 表示"软"芯,它有 B、2B～6B 六种规格,B 前的数字越大,表示铅芯越"软",写出来的字颜色越深、越黑;字母 H 表示"硬"芯,它有 H、2H～6H 六种规格,H 前的数字越大,表示铅芯越"硬",写出来的字颜色越浅;字母 HB 则表示铅芯"软"、"硬"适中。在绘图时,H 型铅笔用来画底稿或加深虚线和细实线;HB 型铅笔用来写字和画箭头;B 型铅笔用来加深粗实线。

画圆时,圆规的铅芯应比画直线的铅芯"软"一级。

不同型号的铅笔用来画粗细不同的线条,所用铅笔的磨削要采用正确的方法,如图 1-6 所示,铅笔的铅芯可削磨成两种,锥形用于画细实线和写字,楔形用于加深。

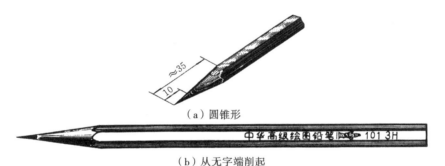

（a）圆锥形

（b）从无字端削起

图 1-6　铅笔的削法

七、计算机及绘图软件

用计算机绘图首先需要有一台计算机,然后需要安装相应的绘图软件。在计算机上安装 AutoCAD 2006 绘图软件,要求计算机的最低配置如下。

(1)操作系统:Windows 2000/XP/2003。

(2)CPU:Intel 800 MHz Pentium Ⅲ。

(3)内存:128 MB RAM。

(4)硬盘:1 GB 以上。

(5)光驱:4 倍速以上 CD-ROM 或 DVD-ROM。

以上配置可满足绘图软件 AutoCAD 2006 的运行。

AutoCAD 是目前世界上最流行的计算机辅助绘图软件之一,具有简便易学、精确无误的优点,得到广泛应用。

1.2 制图的基本规定

"技术制图"、"机械制图"相关国家标准是工程界重要的技术基础标准,是绘制和阅读机械图样的准则和依据。绘图时必须严格遵守"技术制图"、"机械制图"相关标准的有关规定。

本节参照最新的国家标准,介绍其中的有关规定。例如,《技术制图　图纸幅面和格式》(GB/T 14689—2008),其中"GB"为"国标"(国家标准的简称)两字的汉语拼音字头,"T"为"推"(推荐性标准)字的汉语拼音字头,"4457.4"为标准编号,"2008"为该标准颁布的年份。

一、图纸幅面

图纸幅面指绘制图样的图纸大小,应采用国家标准(《技术制图　图纸幅面和格式》(GB/T 14689—2008))规定的尺寸。

1. 图纸的基本幅面

绘制技术图样时优先采用代号为 A0、A1、A2、A3、A4 的五种基本幅面,如表 1-1 所示,其尺寸关系如图 1-7 所示。

表 1-1　图纸幅面及图框尺寸
单位:mm

幅 面 代 号	A0	A1	A2	A3	A4
$B \times L$	841×1189	594×841	420×594	297×420	210×297
a	25				
c	10			5	
e	20		10		

表 1-1 中,a、c、e 为留边宽度,参见图 1-7。

2. 图框格式

图框格式有两种:一种是保留装订边的图框,用于需要装订的图样,如图 1-7(a)所示;另一种是不留装订边的图框,用于不需要装订的图样,如图 1-7(b)所示。同一产品图样只能采用一种格式,装订时通常采用 A3 横装或 A4 竖装。

图框线用粗实线绘制,具体尺寸如表 1-1 所示。

3. 标题栏

每张图样上均需画出标题栏,国家标准《技术制图　标题栏》(GB/T 10609.1—2008)对标题栏的内容、格式及尺寸做出了统一规定。本书建议制图作业中采用如图 1-8 所示的格式。

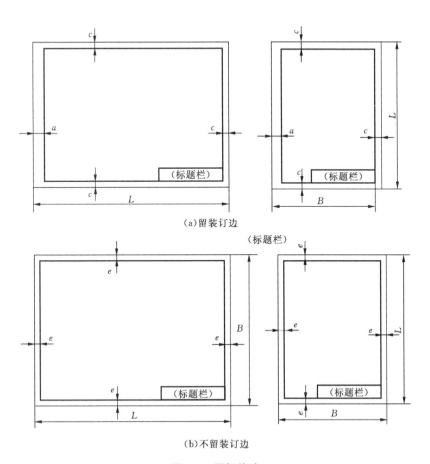

（a）留装订边

（b）不留装订边

图 1-7 图框格式

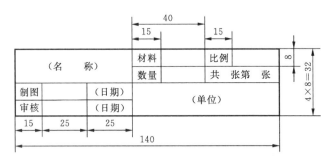

图 1-8 制图作业标题栏格式

二、比例

比例是指图样中图形与其实物相应要素的线性尺寸之比。绘制图样时，可根据物体的大小及结构的复杂程度，采用原值比例、放大比例或缩小比例。国家标准《技术制图 比例》（GB/T 14690—1993）规定了各种比例的比例系数，如表 1-2 所示。

表 1-2　优先选用的比例

种　　类	比　　例		
原值比例	1：1		
放大比例	2：1 $(2×10^n)$：1	5：1 $(5×10^n)$：1	$(1×10^n)$：1
缩小比例	1：2 1：$(2×10^n)$	1：5 1：$(5×10^n)$	1：10 1：$(1×10^n)$

注：n 为正整数。

国家标准对比例还作了以下规定。

(1)在表达清晰、能合理利用图纸幅面的前提下,应尽可能选用原值比例,以便从图样上得到实物大小的真实感。

(2)标注尺寸时,应按实物的实际尺寸进行标注,与所采用的比例无关,如图 1-9所示。

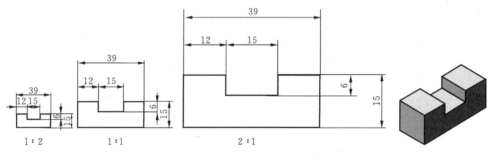

图 1-9　按实物的实际尺寸进行标注

(3)绘制同一机件的各种视图时,应尽可能采用相同的比例,并在标题栏比例栏中填写。当某个视图需要采用不同比例时,可在该视图名称的下方或右侧标注比例。

三、字体

图样中的字体应采用国家标准(《技术制图　字体》(GB/T 14691—1993))规定的字体。

1.字体的基本要求

(1)图样中的汉字、数字和字母,都必须做到"字体工整,笔画清楚、间隔均匀、排列整齐"。

(2)字体高度(用 h 表示)的公称尺寸系列为:1.8 mm、2.5 mm、3.5 mm、5 mm、7 mm、10 mm、14mm、20mm。如需更大的字,其字体高度应按 $\sqrt{2}$ 的比率递增。字体号数代表字体的高度。

(3)汉字应写成长仿宋体,并采用国家正式公布的简化字。汉字的高度 h 不应小于3.5 mm,其字宽一般为 2/3h。写长仿宋体的要领是:横平竖直、起落有锋、结构匀称、填满方格。书写时,各基本笔画应粗细一致,要一笔写成,不宜勾描。

(4)字母和数字分 A 型和 B 型。A 型字体的笔画宽度 d 为字高 h 的 1/14,B 型字体的笔画宽度 d 为字高 h 的 1/10。在同一图样上,只允许一种形式的字体。

(5)数字和字母可写成斜体和直体。斜体字字头向右倾斜,与水平基准线成 75°。

2.字体示例

汉字、数字和字母的示例如表 1-3 所示。

表 1-3 字体示例

字 体		示 例
长仿宋体汉字	10 号	字体工整笔画清楚间隔均匀排列整齐
	7 号	横平竖直 注意起落 结构均匀 填满方格
	5 号	技术制图机械电子汽车船舶土木建筑矿山井坑港口纺织服装
	3.5 号	螺纹齿轮端子接线飞行指导驾驶舱位挖填施工引水通风闸阀坝棉麻化纤
阿拉伯数字		0123456789
拉丁字母	大写	ABCDEFGHIJKLMNO
	小写	abcdefghijklmnopq
罗马字母		I II III IV V VI VII VIII IX X

四、图线

在绘制图样时,应采用国家标准《技术制图　图线》(GB/T 17450—1998)规定的图线。表 1-4 所示为机械图样中常用图线的名称、线型、宽度及其主要用途。

表 1-4 常用图线

图线名称	线 型	宽 度	主 要 用 途
粗实线	——————	$d(0.5\sim2\ \text{mm})$	可见轮廓线
细实线	——————	约 $d/2$	尺寸线、尺寸界线、剖面线、引出线等

续表

图线名称	线　型	宽　度	主　要　用　途
虚　线		约 $d/2$	不可见轮廓线
细点画线		约 $d/2$	轴线、对称中心线
粗点画线		d	有特殊要求的表面的表示线
双点画线		约 $d/2$	假想投影轮廓线、中断线
双折线		约 $d/2$	断裂处的边界线
波浪线		约 $d/2$	断裂处的边界线、视图和局部剖视的分界线

按国家标准《机械制图　图样画法　图线》(GB/T 4457.4—2002)规定,在机械图样中采用粗、细两种线宽,它们之间的比例为2∶1,粗实线的宽度为 d,d 应在 0.25 mm、0.35 mm、0.5 mm、0.7 mm、1 mm、1.4 mm、2 mm中根据图样的类型、尺寸、比例等要求确定,优先采用 $d=0.5$ mm 或 $d=0.7$mm。常用图线的用途示例如图 1-10 所示。

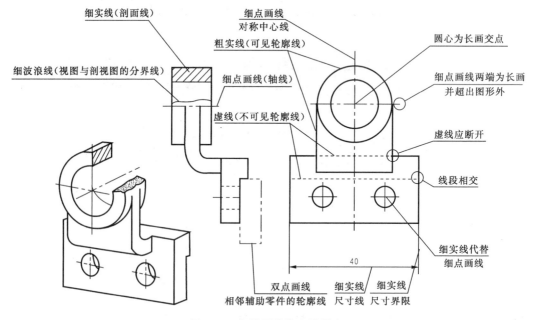

图 1-10　各种图线的主要用途

在绘图过程中,除了正确掌握图线的标准和用法以外,还应遵守以下原则。

(1)同一图样中,同类图线的宽度应保持一致。

(2)虚线、点画线及双点画线的线段长度和间隔应各自大致相等。

具体绘制图线的注意事项如表 1-5 所示。

表 1-5　图线画法正误对比

图　　例		说　　明
正　　确	错　　误	
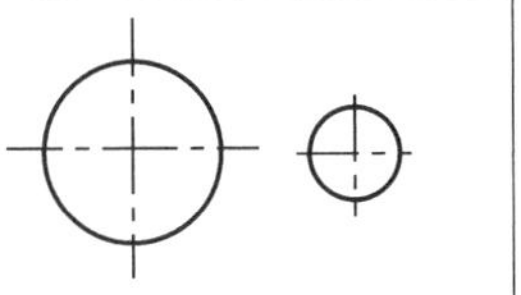	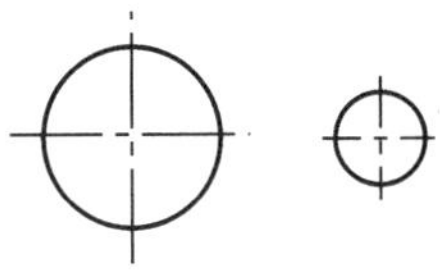	圆心处应为线段交点,中心线应超出圆周约 2～5 mm;当直径小于 12 mm 时,中心线可用细实线画出
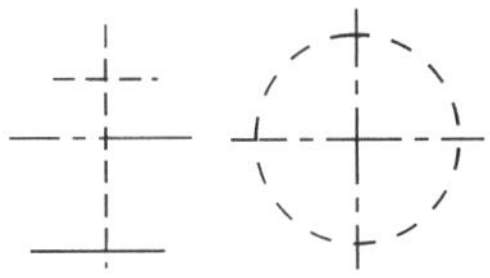	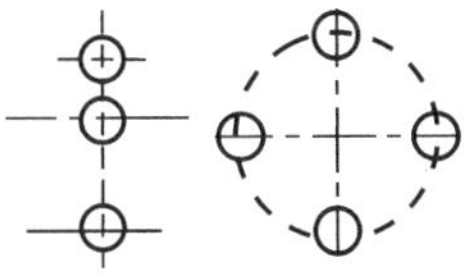	虚线与虚线或其他图线相交时,应以线段相交
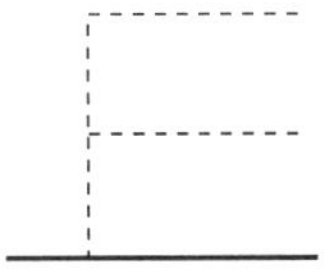	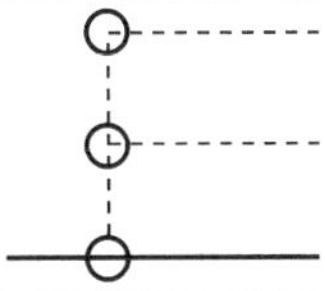	虚线与虚线或其他图线垂直相交时,在垂足处不应留有空隙
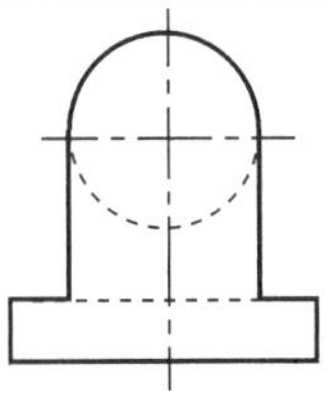	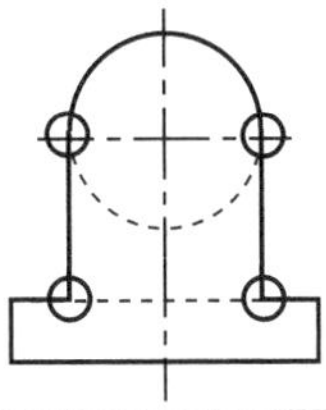	虚线为粗实线的延长线时,应留出空隙

五、尺寸注法

图形只能表达机件的形状,而机件的大小是通过图样中的尺寸来确定的,因此,标注尺寸是一项极为重要的工作,必须严格遵守国家标准(《技术制图　简化表示法　第2部分:尺寸注法》(GB/T 166752—2012)、《技术制图　字体》(GB/T 14691—1993))中的有关规定。

1.标注尺寸的基本规则

标注尺寸的基本规定如下。

(1)机件的真实大小应以图样上所注的尺寸数值为依据,与图形的大小及绘图的准确度无关。

(2)图样中的尺寸,以 mm 为单位时,不需标注单位的代号或名称,如采用其他单位,则必须注明相应单位的代号或名称,如 45°、20 cm。

(3)图样中的尺寸,应为该图样所示机件的最后完工的尺寸,否则应另加说明。

(4)机件的每一个尺寸,一般只标注一次,并应标注在反映该结构最清晰的图上。

2.尺寸组成

完整的尺寸由尺寸界线、尺寸线和尺寸数字三部分组成,如图 1-11 所示。

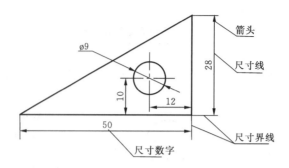

图 1-11　尺寸要素及注法

1)尺寸界线

尺寸界线用来表示所注尺寸范围的界线。尺寸界线用细实线绘制,并应从图形的轮廓、轴线或对称中心线引出,宜超出尺寸线的终端 2~3 mm。

2)尺寸线

尺寸线用来表示尺寸的范围,用细实线绘制,不能用其他图线代替,一般也不能与其他图线重合或画在其延长线上。标注线性尺寸时,尺寸线必须与所注的线段平行。

尺寸线的终端有两种形式:一种是箭头,另一种是斜线。箭头形式如图 1-12 所示。在机械图样中,尺寸线终端推荐采用箭头形式。

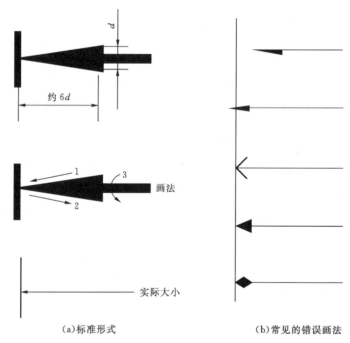

(a)标准形式　　　　　　(b)常见的错误画法

图 1-12　箭头形式

3)尺寸数字

尺寸数字应尽量注写在图形外面,当标注有困难时,也可标注在图形内,但不可与任何图线重合,当无法避免时,必须将该图线断开。

标注尺寸时,应尽可能使用符号和缩写词。常用的符号和缩写词如表 1-6 所示。

表 1-6　常用符号和缩写词

名　称	符号或缩写词	名　称	符号或缩写词
直径	⌀	正方形	□
半径	R	45°倒角	C
球直径	S⌀	深度	
球半径	SR	沉孔或锪平	
厚度	t	埋头孔	V
		均布	EQS

3.尺寸注法示例

常见尺寸注法示例如表 1-7 所示。

表 1-7　常见尺寸注法示例

尺寸类别	图　例	说　明
线性尺寸数字注写方向		(1)尺寸数字一般注写在尺寸线的上方。水平尺寸字头朝上,垂直尺寸字头朝左,倾斜尺寸的字头有朝上的趋势; (2)尽量避免在图(a)所示 30°范围内标尺寸,当无法避免时,允许按图(b)的形式标注
圆和圆弧	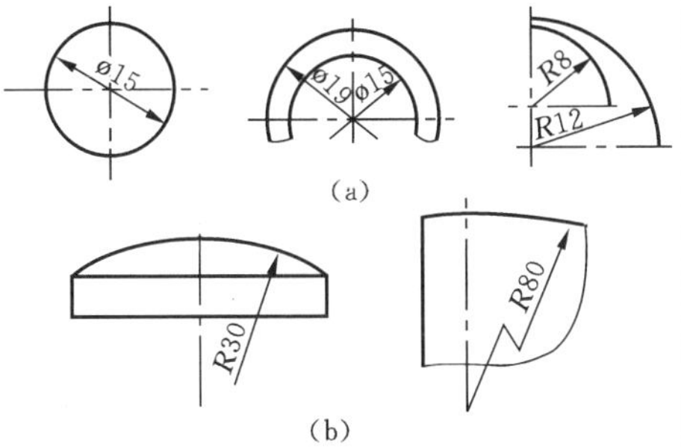	(1)圆——尺寸线通过圆心,在尺寸数字前加注符号"⌀"; (2)圆弧——尺寸线从圆心画起,在数字前加注符号"R",如图(a); (3)当圆弧半径过大时,圆心位于图形之外较远处,半径的注法如图(b)
小尺寸	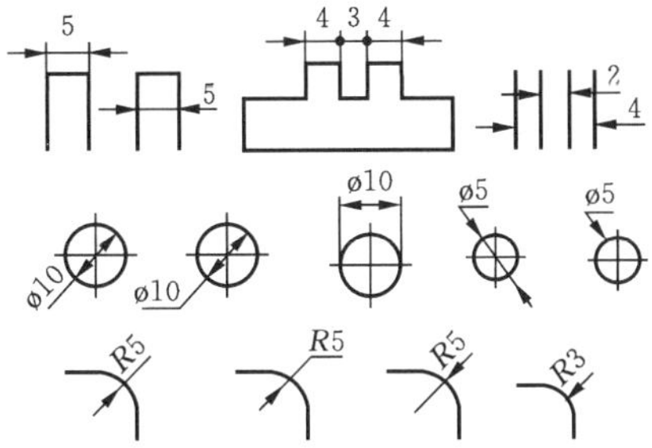	(1)当位置不够标注尺寸数字或箭头时,可按图例中形式标注; (2)几个小尺寸连续标注时,可用圆点代替两个连续尺寸间的箭头

尺寸类别	图 例	说 明
球面尺寸	Sø16 SR10 SR8	标注圆球的直径或半径时,应在"ø"或"R"前加注符号"S"
角度	90° 65° 20° 5° 60°	尺寸线是以角顶为中心的圆弧,角度数字一律水平正写

图 1-13 所示用正误对比的方法,列举了初学标注尺寸时一些常见错误。

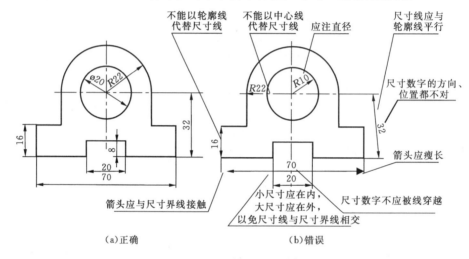

(a)正确　　　　　　(b)错误

图 1-13　尺寸标注的正误对比

1.3　几何作图

一、常用几何图形画法

机械零件的轮廓形状是复杂多样的,为了确保绘图质量,提高绘图速度,必须熟练掌握一些常见几何图形的作图方法和作图技巧。表 1-8 列出了常用几何图形的作图方法。

表 1-8　常用几何图形作图方法

项 目	作 图 步 骤	说 明
正六边形	作法1　　　作法2	作法1:利用外接圆半径作图; 作法2:利用外接圆以及三角板、T字尺配合作图

项 目	作 图 步 骤	说 明
正三边形		已知外接圆直径作图： （1）以 4 点为圆心，R 为半径画弧交圆周于 5、6 点； （2）连 3、5、6 直线得圆的内接正三角形
斜 度		斜度是指直线或平面对另一直线或平面的倾斜程度
锥 度		锥度是指圆锥的底圆直径 D 与高度 H 之比
椭 圆		（1）连接椭圆长短轴的端点 A、C； （2）取 $CE=CE_1=OA-OC$； （3）作 AE_1 的中垂线，与两轴交于点 O_1、O_2，并作对称点 O_3、O_4； （4）分别以 O_1、O_2、O_3、O_4 为圆心，以 O_1A、O_2C、O_3B、O_4D 为半径作弧，切于 K、N、N_1、K_1 即得

二、圆弧连接

圆弧连接是指用已知半径的圆弧将两个已知元素（直线、圆弧、圆）光滑地连接起来，即平面几何中的相切。其中的连接点就是切点，所作圆弧称为连接弧。作图的要点是准确地作出连接弧的圆心和切点。连接弧的圆心是利用圆心的动点运动轨迹相交的概念确定的。

1.圆弧连接的作图原理

1）直线间圆弧连接

与已知直线相切，半径为 R 的圆弧，所求圆心的轨迹是与已知直线平行且距离等于 R 的两条直线，切点是自求出的圆心向已知直线所作垂线的垂足，如表 1-9 所示。

2）两圆弧间的圆弧连接

与已知圆弧（圆心 O_1，半径 R_1）外切，半径为 R 的圆弧，其圆心的轨迹是以 O_1 为圆心，以 $R+R_1$ 为半径的已知圆弧的同心圆，切点是 O_1 与 O 的连心线与已知圆弧的交点；而与已知圆弧（圆心 O_2，半径 R_2）内切，半径为 R 的圆弧，其圆心的轨迹是以 O_2 为圆心，以 $R-R_2$ 为半径的已知圆弧的同心圆。切点是 O_2 与 O 的连心线与已知圆弧的交点，如表 1-9 所示。

2. 圆弧连接的作图方法

圆弧连接的作图方法如表1-9所示。

表1-9　圆弧连接的作图方法

	已知条件	作图的方法和步骤：求连接弧圆心 O	作图的方法和步骤：求连接点 A、B	作图的方法和步骤：画连接弧，描粗
切两已知直线	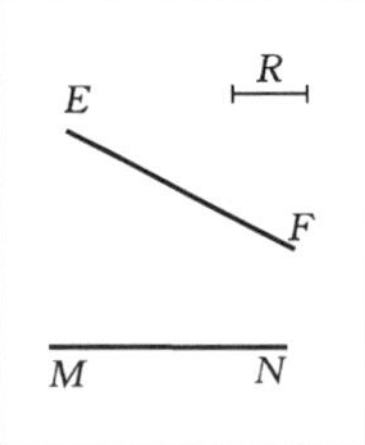	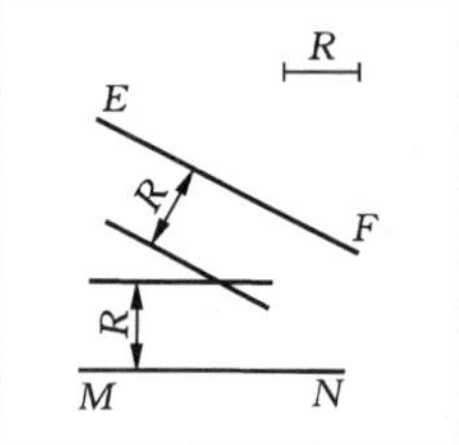	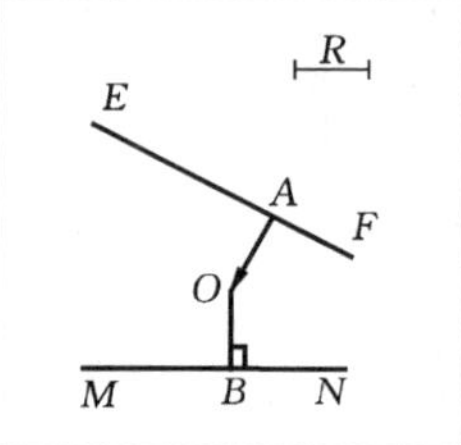	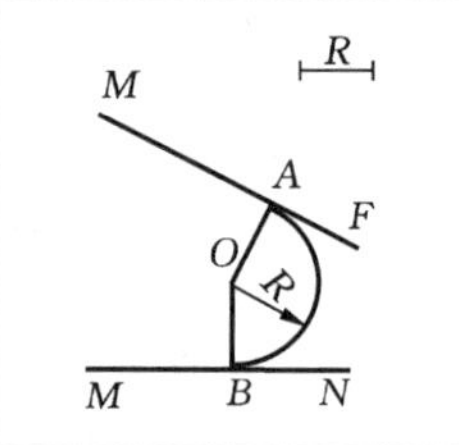
切已知直线和圆弧	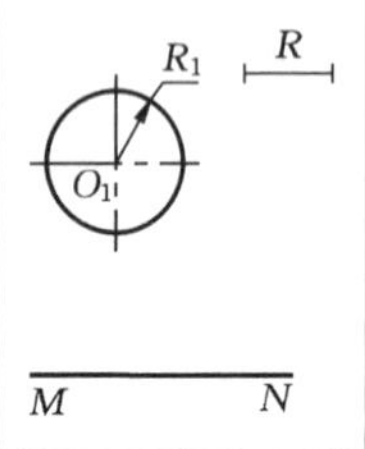	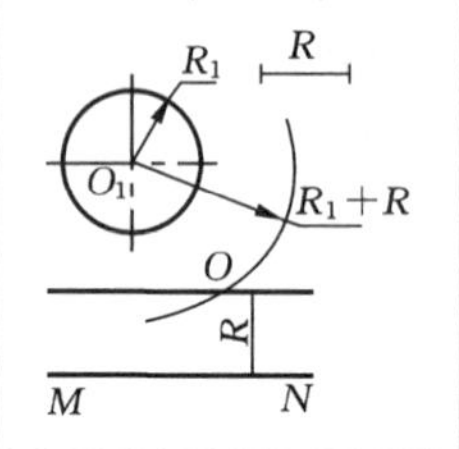	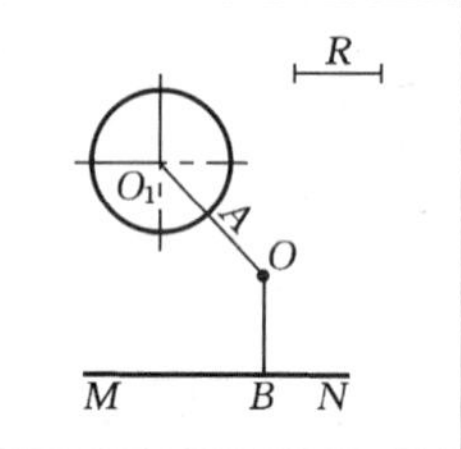	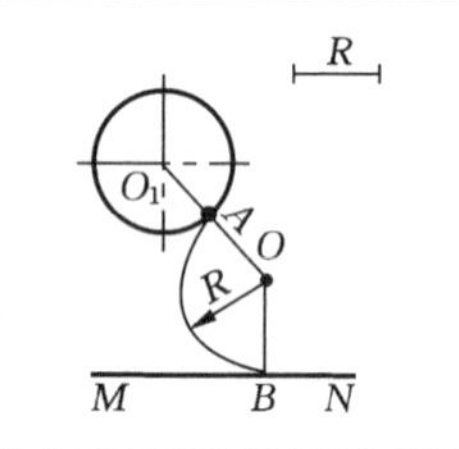
外切两已知圆弧	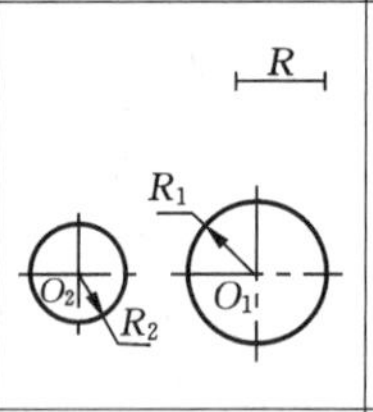	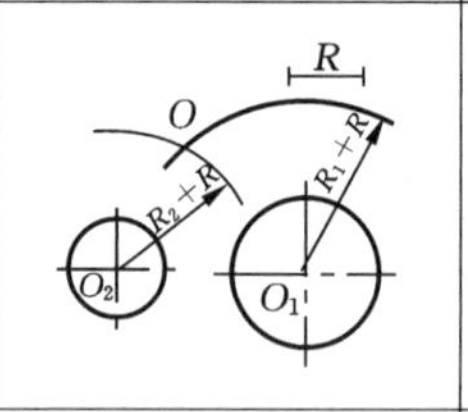	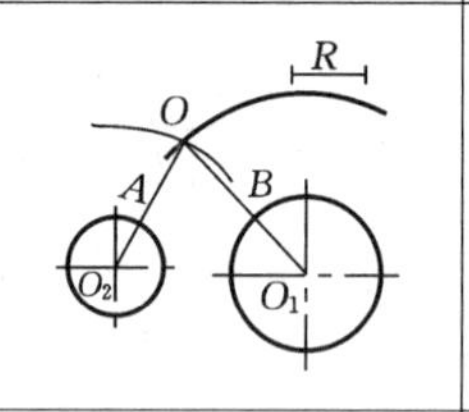	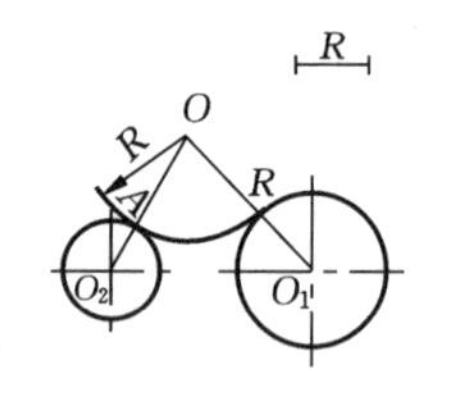
内切两已知圆弧	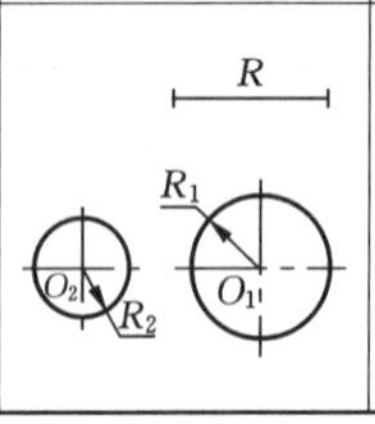	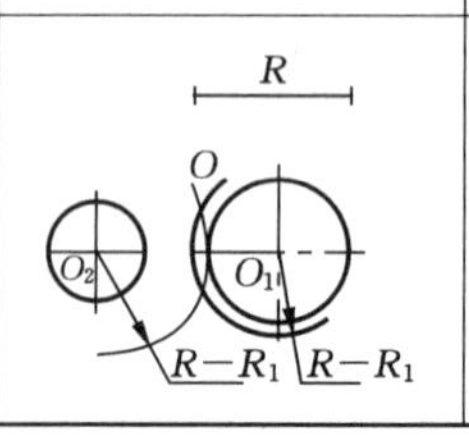	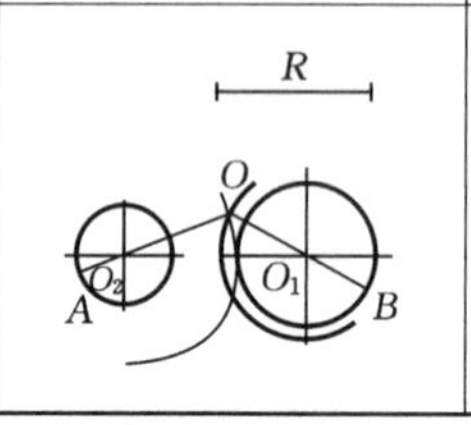	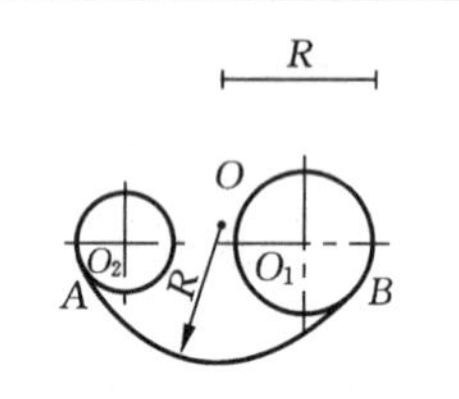

【例1-1】 已知半径 R，作与圆弧 O_1 外连接(外切)及与圆弧 O_2 内连接(内切)的圆弧，如图1-14(a)所示。

作图　(1)找连接圆弧圆心。

以 O_1 为圆心，$R+R_1$ 为半径画弧；以 O_2 为圆心，$R-R_2$ 为半径画弧，两个圆弧的交点 O 即为所求(见图1-14(b))。

(2)找切点。

分别过 OO_1、OO_2 作直线并予延长，两直线分别与已知圆弧相交，其交点 K_1、K_2 即为切点(见图1-14(c))。

(3)画连接圆弧。

以 O 为圆心，R 为半径，由 K_1 至 K_2 画弧(见图1-14(c))。

完成作图。

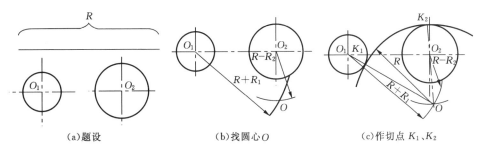

(a)题设　　　　　　(b)找圆心 O　　　　　　(c)作切点 K_1、K_2

图 1-14　圆弧混合连接作图(一)

【**例 1-2**】　已知半径 R，作与圆弧 O_1 内连接(内切)并与直线 L 相切的圆弧，如图 1-15(a)所示。

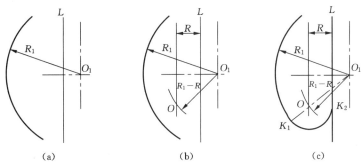

(a)　　　　　　(b)　　　　　　(c)

图 1-15　圆弧混合连接作图(二)

作图　(1)找连接圆弧圆心。

以 O_1 为圆心，R_1-R 为半径画弧；作距离 L 为 R 的平行线，两线段的交点为 O，即为所求(见图 1-15(b))。

(2)找切点。

过 OO_1 作直线并将其延长，与已知圆弧相交，得交点 K_1 即为切点；以 O 为起点向 L 作垂线，垂足即是切点 K_2(见图 1-15(c))。

(3)画连接圆弧，完成作图。

以 O 为圆心，R 为半径，由 K_1 至 K_2 画弧(见图 1-15(c))。

▇ 1.4　平面图形的画法

一、平面图形的分析

平面图形一般由一个或多个封闭线框组成，这些封闭线框由一些线段连接而成。因此，要想正确地绘制平面图形，首先必须对平面图形进行尺寸分析和线段分析。

1.尺寸分析

平面图形中的尺寸按其作用可以分为定形尺寸和定位尺寸两大类。

1)定形尺寸

确定平面图形上几何元素的形状和大小的尺寸称为定形尺寸。例如，直线的长短、圆的直径、圆弧的半径等,如图 1-16 中的 R10、ø6。

2)定位尺寸

确定平面图形上几何元素间相对位置的尺寸称为定位尺寸。例如,直线的位置、圆心的位置等,如图1-16中的45、8。

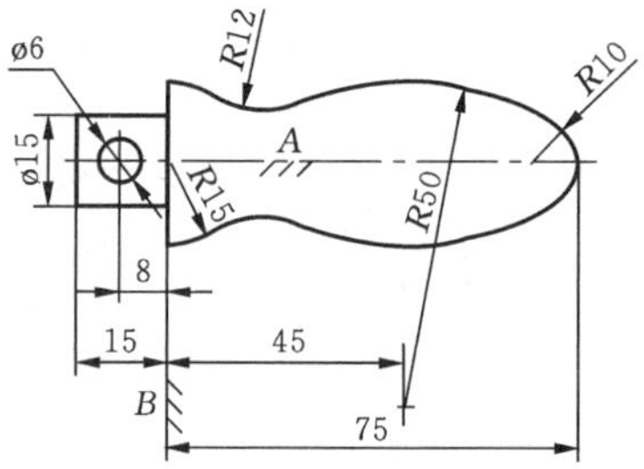

图 1-16　平面图形——手柄的轮廓

2. 线段分析

平面图形中的线段(直线、圆弧),根据其定位尺寸的完整与否可分为三类。

1)已知线段

已知线段指定形、定位尺寸全部注出的线段,如图 1-16 中 R10、R15,能直接画出线段。

2)中间线段

中间线段指具有定形尺寸和一个方向的定位尺寸的线段,必须依靠与相邻线段间的连接关系才能画出的线段,如图 1-16 中 R50。

3)连接线段

连接线段指只注出定形尺寸,未注出定位尺寸的线段。如图 1-16 中 R12,该圆弧必须要借助其两端已经画出的线段,通过连接作图的方法确定圆心的位置,才能画出连接圆弧。

二、平面图形的绘制方法和步骤

下面以图 1-17 手柄的平面图为例,讲解平面图形的绘制方法和步骤。

1. 准备工作

(1)准备好必须的制图工具和仪器。

(2)确定图形采用的图幅大小和绘图比例。

(3)把图纸铺在图板的适当位置,固定图纸,如图 1-1 所示。

2. 画底稿

(1)按国家标准的规定,先用细线画出图框和标题栏。

(2)布置图形。布置图形要匀称、美观,根据每个图形的尺寸确定其位置,同时要考虑标注尺寸或说明等其他内容所占的位置。并画出各图形的基准线,如图 1-17(a)所示。

(3)在正确分析图形尺寸及线段的基础上,用 3H(2H)铅笔轻轻画出底稿。

先画已知线段,如图 1-17(b)所示;然后画中间线段,如图 1-17(c)所示;最后画连接线段,如图 1-17(d)所示。

3. 检查全图

仔细检查全图,如有错误和缺点,及时修正并擦去多余的线段,如图 1-17(e)所示。

4.描深底稿

描深要用 B 或 2B 型铅笔。描深过程中尽量将同一种线型一起描深。顺序如下。

(1)描深粗实线。先描深圆或圆弧,再从图形的左上方开始,顺次向下描深水平粗实线,其次顺次描深铅垂方向粗实线,最后描深其余粗实线。

(2)描深细线。按上述顺序,用 H 型铅笔描深所有细实线、点画线和虚线等。

(3)画箭头、注尺寸、画代号等,如图 1-17(f)所示。

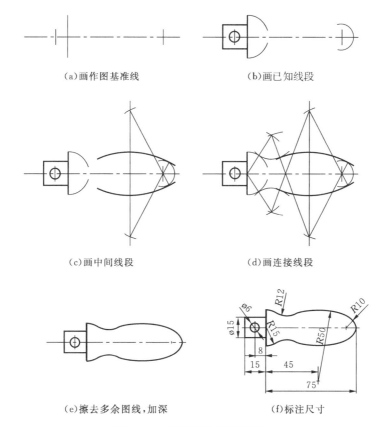

(a)画作图基准线   (b)画已知线段

(c)画中间线段   (d)画连接线段

(e)擦去多余图线,加深   (f)标注尺寸

图 1-17   手柄平面图的作图步骤

5.填写标题栏

填写标题栏和其他必要说明,完成图样。

1.5   徒手画图的方法

徒手画图是指不用绘图仪器及工具,采取目测比例徒手画图样的方法,画出的图样也称徒手草图。工程技术人员常用草图来表达自己的设计方案、构想。现场测绘时,技术人员也是先徒手画草图,再画正式的图样。因此工程技术人员必须具备徒手绘制草图的能力。徒手绘制草图不但要求快,还要保证图形正确、比例匀称、线型分明、字体工整、图面整洁。为

了保证能绘制出合格的草图,必须掌握其绘制方法。

一、直线的画法

画直线时,手腕不能转动,手握铅笔,运笔自然,并尽量使铅笔与所画的线垂直,眼睛则要看着图线的终点。画水平线时,可将纸稍倾斜一点放置,以便于作图,画竖直线时,从上向下画比较顺利,当所需画线较长时,手腕不宜靠图纸上,可凭目测将线段分成不同等份,然后分段将其画出,如图 1-18 所示。向左、右画斜线时不要转动图纸,以免笔误,画斜线的方法如图 1-19 所示。

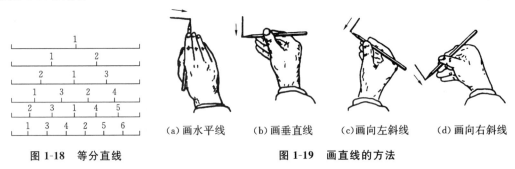

(a)画水平线 (b)画垂直线 (c)画向左斜线 (d)画向右斜线

图 1-18 等分直线   图 1-19 画直线的方法

二、常用角度的画法

练习画 45°、30°、60°斜线,据两直角边比例关系在两直角边上定两点,目测合适后再连两点,画出角度,如图 1-20 所示。

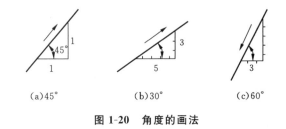

(a)45°   (b)30°   (c)60°

图 1-20 角度的画法

三、圆的画法

1.画小直径圆

定四点(目测),徒手连点成圆,如图 1-21(a)所示。

2.画大直径圆

过圆心定 8 点,连 8 点成圆,如图 1-21(b)所示。

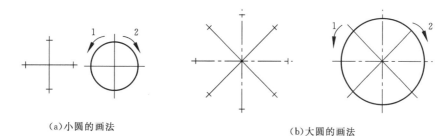

（a）小圆的画法　　　　　　　　　　（b）大圆的画法

图 1-21　圆的画法

四、椭圆的画法

如图 1-22 所示，画椭圆的步骤如下：

（1）画长、短轴；

（2）画一对 45°十字点画线；

（3）画菱形；

（4）画圆弧与菱形相切。

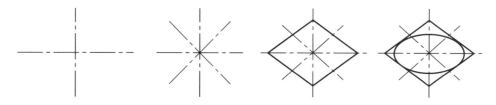

图 1-22　椭圆的画法

五、圆角的画法

圆角画法如图 1-23 所示。

六、曲线连接的画法

曲线连接画法如图 1-24 所示。

图 1-23　圆角的画法

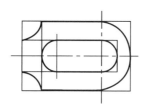

图 1-24　曲线连接画法

初学徒手绘图时,宜在方格纸上进行,以便图线画得平直和确定图形的尺寸比例,如图 1-25 所示。

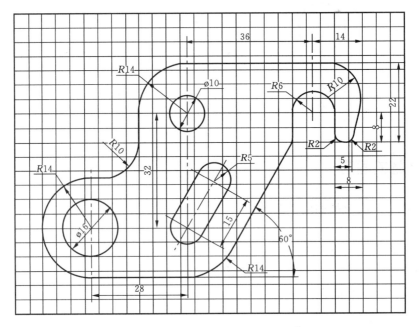

图 1-25 徒手在方格纸上绘平面图形草图

第2章 计算机绘图基础

AutoCAD 软件是美国 Autodesk 公司开发的产品,它将制图带入了个人计算机时代。CAD 是英语 computer aided design 的缩写,意思是计算机辅助设计。AutoCAD 软件现已成为全球领先的、使用最为广泛的计算机绘图软件,用于二维绘图、详细绘制、设计文档和基本三维设计。

Autodesk 公司自从 1982 年首次推出 AutoCAD 软件以来,就在不断地进行完善,陆续推出了多个版本。AutoCAD 2006 是 AutoCAD 软件的第 20 个版本,与 AutoCAD 前期的版本相比,它不仅继承了很好的灵活性和全面的功能,还在性能和功能方面都有较大的增强,同时保证与低版本完全兼容。

2.1 尝试用 AutoCAD 绘图

一、启动 AutoCAD 2006

一般常用如下两种方法启动 AutoCAD 2006。
(1)双击桌面"AutoCAD 2006"图标即可启动;
(2)选择"开始"→"所有程序"→"Autodesk"→"AutoCAD 2006"命令即可启动。

二、AutoCAD 2006 经典界面

启动 AutoCAD 2006 之后将会打开了工作界面,主要由标题栏、菜单栏、工具栏、绘图窗口、文本窗口与命令行、状态行等元素组成,如图 2-1 所示。

AutoCAD 中,命令的输入方法有以下三种。
(1)在菜单栏,使用下拉菜单。
(2)在工具栏,使用工具条上的按钮。
(3)在命令窗口,在命令提示行输入命令。

三、画线段示例

1. 在命令提示行输入命令和参数

例如,绘制如图 2-2 所示的简单图形,屏幕提示及输出如下。

图 2-1　AutoCAD 2006 界面

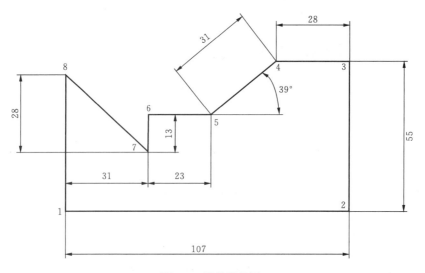

图 2-2　画线段示例

命令:line

指定起点:	(第 1 点)
指定下一点或[放弃(U)]:@107,0	(第 2 点)
指定下一点或[放弃(U)]:@0,55	(第 3 点)
指定下一点或[闭合(C)/放弃(U)]:@−28,0	(第 4 点)
指定下一点或[闭合(C)/放弃(U)]:@31<219	(第 5 点)
指定下一点或[闭合(C)/放弃(U)]:@−23,0	(第 6 点)
指定下一点或[闭合(C)/放弃(U)]:@0,−13	(第 7 点)
指定下一点或[闭合(C)/放弃(U)]:@−31,28	(第 8 点)

指定下一点或[闭合(C)/放弃(U)]:C　　　　　　　结束

注意:输入命令和参数之后,必须按 Enter 键,命令才能执行。

(1)笛卡儿坐标系:笛卡儿坐标系又称为直角坐标系,由一个原点(坐标为(0,0))和两个通过原点的、相互垂直的坐标轴构成。其中,水平方向的坐标轴为 X 轴,以向右为其正方向;垂直方向的坐标轴为 Y 轴,以向上为其正方向。平面上任何一点 P 都可以由 X 轴和 Y 轴的坐标所定义,即用一对坐标值(x,y)来定义一个点。例如,某点的直角坐标为$(3,4)$。

(2)相对坐标:相对坐标的输入方法是在坐标值前加一个"@",表示输入的坐标值是上一点的相对距离。如(@107,0),表示第 2 点相对第 1 点的 X 轴方向增量是 107,相对第 1 点的 Y 轴方向增量是 0。

(3)极坐标:点的极坐标指该点相对于坐标原点的距离和角度,格式为(距离<角度),如(31<219),表示该点与坐标原点的距离为 31,与 X 轴正方向的夹角为 219°。

2.使用工具栏

AutoCAD 2006 提供了丰富的工具栏,经常使用的工具栏有:"绘图"工具栏,如图 2-3 所示;"修改"工具栏,如图 2-4 所示;"捕捉"工具栏,如图 2-5 所示;"标注"工具栏,如图 2-6 所示。单击工具栏上的按钮,可以执行相应的命令。这些工具栏上按钮的使用将在具体实例说明。

图 2-3　"绘图"工具栏

图 2-4　"修改"工具栏

图 2-5　"捕捉"工具栏

图 2-6　"标注"工具栏

3.使用下拉菜单

AutoCAD 2006 的菜单栏由"文件"、"编辑"、"视图"、"插入"、"格式"、"工具"、"绘图"、"标注"、"修改"、"窗口"和"帮助"十一个主菜单组成,几乎包括了 AutoCAD 中全部的功能和命令,如图 2-7 所示。单击下拉菜单中的命令选项,可以执行相应的命令。

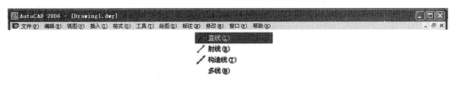

图 2-7 下拉菜单

四、保存图形文件

在 AutoCAD 2006 中,可以使用多种方式将所绘图形以文件形式存入磁盘。例如,可以选择"文件"→"保存"命令,或在"标准"工具栏中单击"💾"按钮,以当前使用的文件名保存图形;也可以选择"文件"→"另存为"命令,将当前图形以新的名称保存,如图 2-8 所示,标准文件后缀名为".dwg"。

图 2-8 保存文件

2.2 制作 A3 样板图

AutoCAD 是通用的绘图软件,在具体使用 AutoCAD 画图时,一般都要按国家标准设置图纸的格式,并要对其画图习惯和画图环境做必要的设置。绘图前,可以选择"文件"→"新建"命令打开"选择样板"对话框,从中选择一个 AutoCAD 自带的样板文件开始图形绘制。但是,为了满足不同行业的需要,用户最好制作自己的样板文件。为避免每次开始新图形时都重复这些设置工作,有必要创建一个标准的制图样板文件并保存,下次绘图可直接使用样板文件的这些内容。这样,可避免重复劳动,提高绘图效率,同时,保证了各种图形文件使用标准的一致性。

样板文件的内容通常包括绘图环境、图层、线型、线宽、文字样式、标注样式等设置以及绘制图框及标题栏。现以 A3 样板图为例,说明设置制图样板文件步骤如下:

（1）设置绘图环境；

（2）创建、设置机械图的图层；

（3）绘制图纸边界线、图框线和标题栏；

（4）设置文字样式；

（5）设置标注样式；

（6）填写标题栏文字；

（7）保存样板文件图。

一、设置绘图环境

1.全部显示当前图形

命令：Z（ZOOM）

按 Enter 键，出现下面的窗口。

```
ZOOM
指定窗口的角点，输入比例因子 (nX 或 nXP)，或者
[全部(A)/中心(C)/动态(D)/范围(E)/上一个(P)/比例(S)/窗口(W)/对象(O)] <实时>:
```

输入：A，按 Enter 键，图形全部充满窗口。

2.设置图幅尺寸，确定绘图工作区域大小

命令：limits

命令提示设置绘图界限左下角的位置，默认值为(0,0)，按 Enter 键接受其默认值或输入新值。

```
命令：limits
重新设置模型空间界限：
指定左下角点或 [开(ON)/关(OFF)] <0.0000,0.0000>:
```

按 Enter 键，随后命令继续提示设置绘图界限右上角的位置(420,297)，按 Enter 键接受其默认值或输入新值。

```
重新设置模型空间界限：
指定左下角点或 [开(ON)/关(OFF)] <0.0000,0.0000>:
指定右上角点 <420.0000,297.0000>:
```

按 Enter 键，A3 图纸幅面设置完成。

二、创建、设置机械图的图层

绘制机械图时，应将不同的线型放在不同的层上，并设置图层上各线型的属性，如颜色、线宽等。图层的颜色实际上是图层中图形对象的颜色，在绘制图形时要使用线型来区分图形元素，线宽就是线条的宽度，这些都需要对其进行设置。参照国家标准及考虑实际需要，以实例说明设置的方法。

例如，按以下的规定设置图层、颜色、线型及线宽，并将线型比例设置为"0.35"。

图层名称	颜色	线型	线宽
01	白	粗实线(Continuous)	0.5
02	绿	点画线(Center)	0.25
03	黄	虚线（Dashed）	0.25
04	红	细实线(Continuous)	0.25

1.打开图层特性管理器

选择"格式"→"图层"命令或单击图层工具栏上按钮"⬛"即可弹出"图层特性管理器"对话框,如图 2-9 所示 ,AutoCAD 将自动创建一个名为"0"的特殊图层,用户不能删除或重命名"图层 0"。在绘图过程中,用户需要使用更多的图层来组织图形,就要先创建新图层。

图 2-9 "图层特性管理器"对话框

在"图层特性管理器"对话框中单击"新建图层"按钮,列表框显示出名称为"图层 1"的图层,直接输入"01"新图层名,该层上的颜色、线型与默认值相同;单击"线宽",在线宽对话框中选择 0.50mm,如图 2-10 所示,单击"确定"按钮,01 图层就新建好了。

再次单击"图层特性管理器"对话框中的"新建图层"按钮,图层名输入"02",单击该图层对应的"颜色"按钮,打开"选择颜色"对话框,将默认的"白色"改为"绿色",如图 2-11 所示。

图 2-10 "线宽"对话框

图 2-11 "选择颜色"对话框

单击"02"层对应的"线型",打开"选择线型"对话框,如图 2-12 所示。默认情况下,"已加载的线型"列表框中只有"Continuous"一种线型,如果要使用其他线型,则应单击"加载"按钮,打开"加载或重载线型"对话框,如图 2-13 所示,从当前线型库中选择需要加载的"点画线(Center)"线型,然后单击"确定"按钮,点画线就被加载到系统中了。

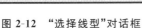

图 2-12　"选择线型"对话框

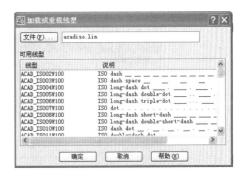

图 2-13　"加载或重载线型"对话框

单击"02"层对应的"线宽"按钮,在"线宽"对话框中选择"0.25mm",单击"确定"按钮,02 图层就建好了。

用同样的方法,可将其他图层上各线型的属性按要求建好,如图 2-14 所示。

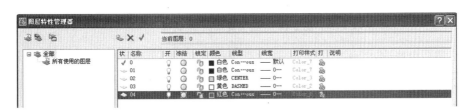

图 2-14　创建图层

当创建了图层后,图层的名称将显示在图层列表框中,如果要更改图层名称,可单击该图层名,然后输入一个新的图层名,如粗实线,并按 Enter 键即可。依此类推,最后设置的结果如图 2-15 所示。

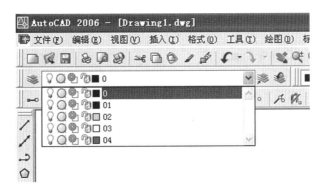

图 2-15　设置图层结果

2. 设置线型比例

选择"格式"→"线型"命令,打开"线型管理器"对话框,单击"显示细节"按钮可将"全局比例因子"进行设置,以调节图形中的线型比例,从而改变非连续线型的外观,一般取经验值0.35,如图 2-16 右下角所示。

图 2-16 "线型管理器"对话框

也可用命令修改:

输入:0.35,按 Enter 键,线型重新生成。

3. 控制图层状态

每个图层都有打开与关闭、冻结、锁定与解锁和打印与不打印等状态,通过改变图层状态,就能控制图层上对象的可见性及可编辑性等。用户可通过单击"图层"工具栏上的图标对图层状态进行控制,如图 2-17 所示。

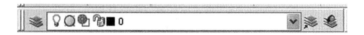

图 2-17 控制图层状态

1)打开/关闭

单击" "按钮,将关闭或打开某一图层。打开的图层是可见的,而关闭的图层则不可见,也不能被打印。当图形重新生成时,被关闭的层将一起被生成。

2)解冻/冻结

单击" "按钮,将冻结或解冻某一图层。解冻的图层是可见的,冻结的图层则不可见,也不能被打印。当图形重新生成时,系统不再重新生成该层上的对象,因而冻结一些图层后,可以加快许多操作的速度。

　　3)解锁/锁定

　　单击"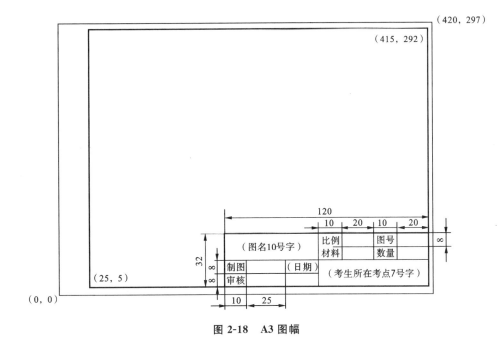"按钮,将锁定或解锁某一图层。被锁定的图层是可见的,但图层上的对象不能被编辑。

三、绘制图纸边界线、图框线和标题栏

　　第 1 章中详细介绍了国家标准关于"技术制图"的图纸幅面和格式,现按下例要求,说明图纸边界线、图框线和标题栏的制作方法。

　　例如,按 1∶1 比例设置 A3 图幅(420×297)一张,留装订边,画出图框线和标题栏,如图 2-18 所示。

图 2-18　A3 图幅

1.绘制图纸的边界线(细实线)

在命令行输入"rectang"命令或单击"▭"按钮。

指定第一角点或[倒角(C)/标高(E)/圆角(F)/厚度(T)/宽度(W)]:0,0,按 Enter 键

指定另一角点或[面积(A)/尺寸(D)/旋转(R)]:420,297,按 Enter 键

2.绘制图纸的图框线(粗实线)

在命令行输入"rectang"命令或单击"▭"按钮。

指定第一角点或[倒角(C)/标高(E)/圆角(F)/厚度(T)/宽度(W)]:25,5,按 Enter 键

指定另一角点或[面积(A)/尺寸(D)/旋转(R)]:415,292,按 Enter 键

出现如图 2-19 所示格式。

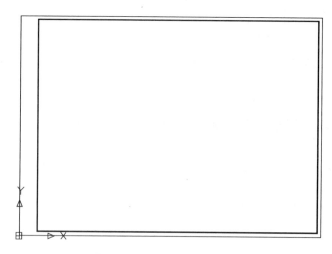

图 2-19 图纸边界线、图框线

3. 绘制标题栏

按照本例对标题栏的规格要求,绘制步骤如下。

1) 绘制标题栏的外框

单击"⬛"按钮或选择"修改"→"分解"命令,将图框线打散。

命令:offset,或单击"☁"按钮。

指定偏移距离或[通过(T)/删除(E)/图层(L)]:140,按 Enter 键

选择要偏移的对象或[退出(E)/放弃(U)]:选取右边图框直线

指定点以确定偏移所在一侧:左边

选择要偏移的对象或[退出(E)/放弃(U)]:按 Enter 键

用同样的方法将图框下边直线偏移 32 mm,如图 2-20 所示。

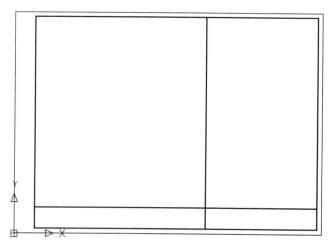

图 2-20 直线偏移

用夹点编辑法将线段缩短,形成图 2-21 所示的标题栏的外框。

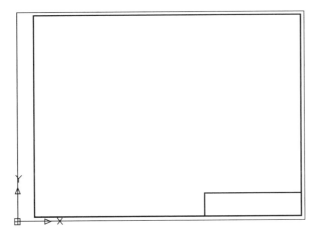

图 2-21 线段缩短

2)生成各垂直线段

命令:offset,或单击"🔲"按钮。

指定偏移距离或[通过(T)/删除(E)/图层(L)]:15,按 Enter 键

选择要偏移的对象或[退出(E)/放弃(U)]:选取左边直线

指定点以确定偏移所在一侧:右边

选择要偏移的对象或[退出(E)/放弃(U)]:按 Enter 键

使用同样方法可以作出其余的垂直线段。

3)生成各水平线段

命令:offset,或单击"🔲"按钮。

指定偏移距离或[通过(T)/删除(E)/图层(L)]:8,按 Enter 键

选择要偏移的对象或[退出(E)/放弃(U)]:选取上边直线

指定点以确定偏移所在一侧:下边

选择要偏移的对象或[退出(E)/放弃(U)]:按 Enter 键

使用同样方法可以作出其余的水平线段。

4)修剪、删除多余的线段

将粗线层变换成细线层,结果如图 2-22 所示。

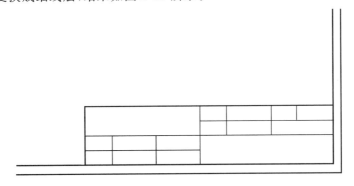

图 2-22 完成标题栏

四、设置文字样式

在 AutoCAD 2006 中书写文字,必须按照国家标准规定,图纸中的中文字体应为长仿宋体,西文字体采用"gbeitc. shx"或"gbenor. shx",前者是斜体西文,后者是直体。汉字、字母和数字的高度不低于 3.5mm。

选择"格式"→"文字样式"命令打开"文字样式"对话框,利用该对话框可以修改或创建文字样式,并设置文字的当前样式。

1. 修改字母与数字的字体

如图 2-23 所示,取消选择"使用大字体"单选框,保留样式名"Standard",在字体名中选择"gbeitc. shx"或"gbenor. shx";在字体"高度"文本框中输入"3.5";在"宽度比例"文本框中输入"0.7",单击"应用"按钮。

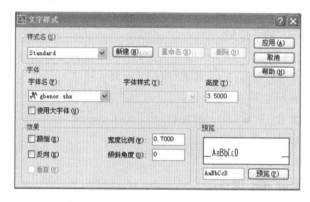

图 2-23　设置西文字体

2. 完成设置

单击"新建"按钮,在弹出的"新建文字样式"对话框的"样式名"文本框中输入"汉字",如图 2-24 所示,单击"确定"按钮。在"字体名"下拉列表框中选择"仿宋_GB2312",如图 2-25所示,单击"应用"按钮,完成汉字字体设置。

图 2-24　新建文字样式

图 2-25　设置汉字字体

五、设置标注样式

在 AutoCAD 2006 中,尺寸标注是由一组参数来控制的,这些参数称为尺寸变量。尺寸变量决定了图样上尺寸的最终样式,改变尺寸变量的值,将产生新的尺寸样式。

系统默认的尺寸标注样式距离国家对机械制图的尺寸标注要求还有一些差别,如表2-1所示。在进行尺寸标注前,必须对尺寸标注样式进行设置,使得图样上的标注符合国家标准。AutoCAD 2006 的尺寸变量有 60 多个,原有样式(ISO-25)与国家标准较为接近,在此基于 ISO-25 介绍尺寸标注样式修改的方法。

表 2-1　默认样式 ISO-25 与机械制图尺寸标注标准差别

尺 寸 参 数	Standard	机械制图	尺 寸 参 数	Standard	机械制图
尺寸文字高度	2.5	3.5 或 5	尺寸界线超出尺寸线	1.25	2～3
基线间距	3.5	≥7	尺寸界线起点偏移量	0.625	0
箭头大小	2.5	3～5			

(1)选择"格式"→"标注样式"命令,弹出"标注样式管理器"对话框,如图 2-26 所示。当前标注样式为 ISO-25,作少量修改,即可符合国家标准。

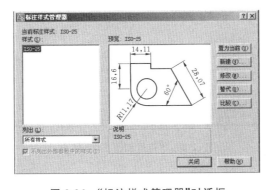

图 2-26　"标注样式管理器"对话框

　(2)在"标注样式管理器"对话框中单击"修改"按钮,弹出如图 2-27 所示的"修改标注样式:ISO-25"对话框,选择"直线"选项卡,将起点偏移量改为"0"、超出尺寸线改为"2"、基线间距改为"7"。

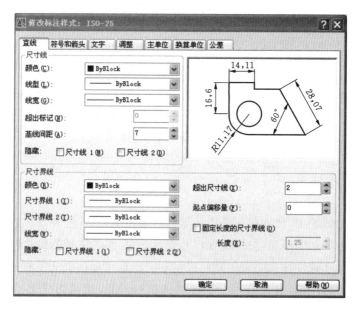

图 2-27 "修改标注样式:ISO -25"对话框

　(3)选择"符号和箭头"选项卡,将箭头大小改为"3"、半径折弯角度改为"45",如图 2-28 所示。

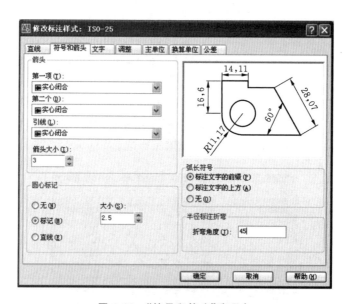

图 2-28 "符号和箭头"选项卡

　(4)选择"文字"选项卡,将文字高度改为"3.5",如图 2-29 所示。

　(5)单击图 2-29 中的"确定"按钮,退出"修改标注样式:ISO-25"对话框。

图 2-29 "文字"选项卡

(6)设置角度标注子样式。

机械制图中角度标注中的文字总是水平的。为此需要创建角度标注样式,其方法是:在"标注样式管理器"对话框中单击"新建"按钮,在弹出的"创建新标注样式"对话框中的"用于"下拉列表中选择"角度标注",如图 2-30 所示。

图 2-30 "创建角度标注样式"对话框

单击"继续"按钮,进入"新建标注样式:ISO-25:角度"对话框,选择"文字"选项卡,选择"文字对齐"为"水平",如图 2-31 所示。

图 2-31 "新建标注样式:ISO-25:角度"对话框

单击图 2-31 中的"确定"按钮,继续单击图中"关闭"按钮,退出"标注样式管理器"对话框。这只是初步的修改,在画图的过程中,针对少量特殊尺寸样式还可进行一些调整。

六、填写标题栏文字

1. 创建单行文字

在 AutoCAD 2006 中,"文字"工具栏可以创建和编辑文字。对于单行文字来说,每一行都是一个文字对象,选择"绘图"→"文字"→"单行文字"命令,可以创建单行文字对象。

1)指定文字的起点

默认情况下,通过指定单行文字行基线的起点位置创建文字。如果当前文字样式的高度设置为"0",系统将显示"指定高度:"提示信息,要求指定文字高度,否则不显示该提示信息,而使用"文字样式"对话框中设置的文字高度。

然后系统显示"指定文字的旋转角度 <0>:"提示信息,要求指定文字的旋转角度。文字旋转角度是指文字行排列方向与水平线的夹角,默认角度为"0°"。输入文字旋转角度,或按 Enter 键使用默认角度 0°,最后输入文字即可。也可以切换到 Windows 的中文输入方式下,输入中文文字。

2)设置对正方式

在"指定文字的起点或 [对正(J)/样式(S)]:"提示信息后输入"J",可以设置文字的排列方式。此时命令行显示如下提示信息。

输入对正选项[左(L)/对齐(A)/调整(F)/中心(C)/中间(M)/右(R)/左上(TL)/中上(TC)/右上(TR)/左中(ML)/正中(MC)/右中(MR)/左下(BL)/中下(BC)/右下(BR)]<左上(TL)>:

在 AutoCAD 2006 中,系统为文字提供了多种对正方式,如图 2-32 所示。

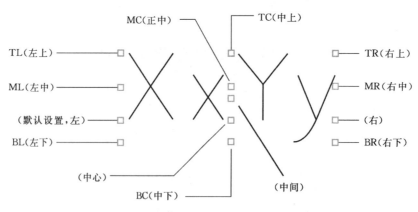

图 2-32 文字对正方式

3)设置当前文字样式

在"指定文字的起点或 [对正(J)/样式(S)]:"提示信息后输入"S",可以设置当前使用的文字样式。选择该选项时,命令行显示如下提示信息。

输入样式名或［?］＜Mytext＞：

可以直接输入文字样式的名称，也可输入"?"，在"AutoCAD 文本窗口"中显示当前图形已有的文字样式，如图 2-33 所示。

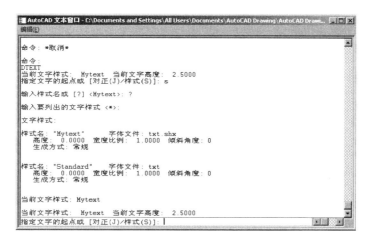

图 2-33 设置当前文字样式

2. 使用文字控制符

在实际设计绘图中，往往需要标注一些特殊的字符，这些特殊字符不能从键盘上直接输入，因此 AutoCAD 提供了相应的控制符，以实现这些标注要求，如表 2-2 所示。

表 2-2 特殊字符

字　符　串	符号的意义	示　　例	
％％o	文字的上划线	％％o9	$\overline{9}$
％％u	文字的下划线	％％u123	$\underline{123}$
％％d	角度符号	45％％d	45°
％％p	对称公差"±"	％％p0.012	±0.012
％％c	直径符号"φ"	％％c20	φ20

在"输入文字:"提示下输入控制符时，这些控制符也临时显示在屏幕上，当结束文本创建命令时，这些控制符将从屏幕上消失，转换成相应的特殊符号。

3. 编辑单行文字

单行文字可进行单独编辑。编辑单行文字包括编辑文字的内容、对正方式及缩放比例，可以选择"修改"→"对象"→"文字"命令进行设置。各命令的功能如下。

"编辑"命令(DDEDIT)：选择该命令，然后在绘图窗口中单击需要编辑的单行文字，进入文字编辑状态，可以重新输入文本内容。

"比例"命令(SCALE TEXT)：选择该命令，然后在绘图窗口中单击需要编辑的单行文字，此时需要输入缩放的基点以及指定新高度、匹配对象(M)或缩放比例(S)。

"对正"命令(JUSTIFY TEXT):选择该命令,然后在绘图窗口中单击需要编辑的单行文字,此时可以重新设置文字的对正方式。

4. 创建多行文字

"多行文字"又称为段落文字,是一种更易于管理的文字对象,可以由两行以上的文字组成,而且各行文字都是作为一个整体处理的。选择"绘图"→"文字"→"多行文字"命令,或在"绘图"工具栏中单击"**A**"按钮,然后在绘图窗口中指定一个用来放置多行文字的矩形区域,将打开"文字格式"工具栏和文字输入窗口。利用它们可以设置多行文字的样式、字体及大小等属性,如图 2-34 所示。

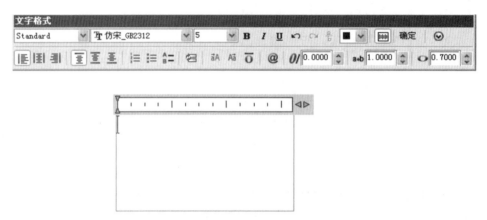

图 2-34 "多行文字"窗口

1)设置缩进、制表位

在文字输入窗口的标尺上右击,从弹出的"标尺"快捷菜单中选择"缩进和制表位"命令,打开"缩进和制表位"对话框,可以从中设置缩进和制表位位置,如图 2-35 所示。其中,在"缩进"选项组的"第一行"文本框和"段落"文本框中设置首行和段落的缩进位置;在"制表位"列表框中可设置制表符的位置,单击"设置"按钮可设置新制表位,单击"清除"按钮可清除列表框中的所有设置。

2)设置多行文字宽度

在标尺快捷菜单中选择"设置多行文字宽度"子命令,可打开"设置多行文字宽度"对话框,在"宽度"文本框中可以设置多行文字的宽度,如图 2-36 所示。

图 2-35 "缩进和制表位"对话框

图 2-36 "设置多行文字宽度"对话框

3）使用选项菜单

在"文字格式"工具栏中单击"选项"按钮，打开多行文字的选项菜单，可以对多行文本进行更多的设置。在文字输入窗口中右击，将弹出一个快捷菜单，该快捷菜单与选项菜单中的主要命令一一对应，如图 2-37 所示。

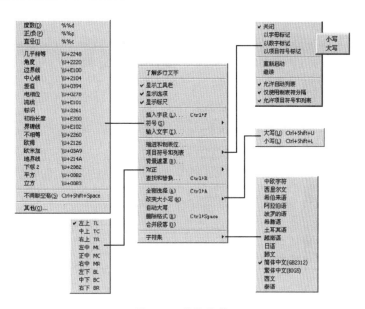

图 2-37　快捷菜单

4）输入文字

在多行文字的文字输入窗口中，可以直接输入多行文字，也可以在文字输入窗口中右击，从弹出的快捷菜单中选择"输入文字"命令，将已经在其他文字编辑器中创建的文字内容直接复制到当前图形中。填写好文字的标题栏如图 2-38 所示。

图 2-38　标题栏

5. 编辑多行文字

要编辑创建的多行文字，可选择"修改"→"对象"→"文字"→"编辑"命令，并单击创建的多行文字，打开多行文字编辑窗口，然后参照多行文字的设置方法，修改并编辑文字。

另外，也可以在绘图窗口中双击输入的多行文字，或在输入的多行文字上右击，从弹出的快捷菜单中选择"重复编辑多行文字"命令或"编辑多行文字"命令，打开多行文字编辑窗口。

七、保存样板文件图

在命令行输入命令"save",弹出如图 2-39 所示"图形另存为"对话框,AutoCAD 图形样板文件的格式是(∗.dwt),确定图形文件存储位置。

图 2-39 "图形另存为"对话框

单击"保存"按钮,弹出"样板说明"对话框,如图 2-40 所示。输入说明文字,单击"确定"按钮,完成图形环境的设置。

图 2-40 "样板说明"对话框

2.3 绘制平面图形

绘制好平面图形的关键是:能够灵活地将绘图辅助工具与绘图命令相结合,达到绘图的高效率,保证所绘图形的准确性。

一、正确使用状态栏

状态栏如图 2-41 所示。

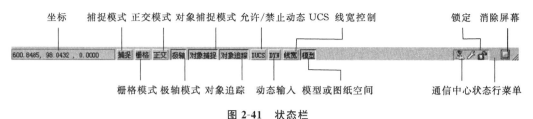

坐标　捕捉模式　正交模式　对象捕捉模式　允许/禁止动态 UCS　线宽控制　　　　　锁定　消除屏幕

600.8485, 98.0432 , 0.0000　捕捉 栅格 正交 极轴 对象捕捉 对象追踪 DUCS DYN 线宽 模型

栅格模式 极轴模式 对象追踪　动态输入　模型或图纸空间　　　　通信中心状态行菜单

图 2-41　状态栏

选择"工具"→"草图设置"命令或在"捕捉、栅格、极轴、对象捕捉、对象追踪、动态输入"按钮右击,打开"草图设置"对话框,如图 2-42 所示。在该对话框中可设置相应选项卡,以方便作图。

图 2-42　"草图设置"对话框

(1)栅格在屏幕上定义一个点阵,为作图过程提供参考。栅格的间距可以设置。栅格只是作图的辅助工具,而不是图形的一部分,所以不会被打印。通过状态栏上"捕捉"按钮或功能键 F7 打开和关闭。

(2)捕捉是在绘图区设置有一定间距、按规律分布的一些点,光标只能在这些点上移动,捕捉间距就是光标移动时每次移动的最小增量。通过状态栏上"栅格"按钮或功能键 F9 打开和关闭。

(3)正交就是在绘图时,指定一个点,连接光标和前一点的橡皮筋总是平行于 X 轴或 Y 轴(即十字光标符号的两条线方向),强迫下一点与前一点的连线平行于 X 轴或 Y 轴。通过状态栏上"正交"按钮或功能键 F8 打开和关闭(一般来说,用了极轴就很少用到正交了)。

(4)极轴上以极坐标的方式追踪光标位置相对前一点所处的位置,即以前一点为极点,根据事先设定的角度和角度增量,追踪极径方向。极轴开启时,就能够在设定角度上选定点,通过状态栏上"极轴"按钮或功能键 F10 打开和关闭。一般极轴增量角设定为 15°,则可以追踪到常用的 30°、45°、60°、90°。通过附加角度,还可追踪到一些一般角度,设置界面如图 2-43 所示。

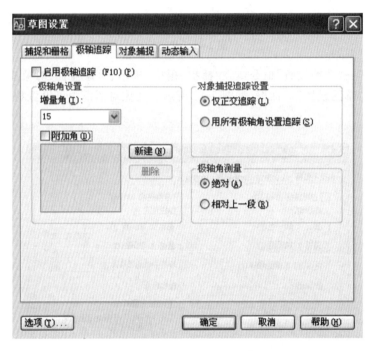

图 2-43 "极轴追踪"选项卡

(5)对象捕捉可方便地捕捉到常用的特殊点,通过状态栏上"对象捕捉"按钮或功能键 F3 打开和关闭,具体如图 2-44 所示。

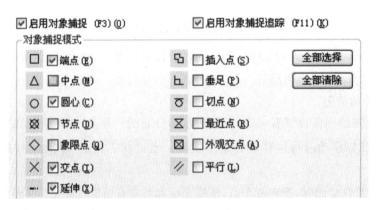

图 2-44 "对象捕捉"选项卡

(6)对象捕捉追踪是移动光标到处于捕捉模式下的特殊点而不拾取,片刻后会显示点的捕捉标记,并在其中心显示一个小"+"号,这时再没追踪方向移动光标,会自捕捉点自动产生一条追踪线,并在光标右下方动态地显示光标相对于对象捕捉点的距离和极角信息,如图

2-45 所示。通过状态栏上"**对象追踪**"按钮或功能键 F11 打开和关闭。

（7）动态输入就是在光标附近提供一个命令界面，以帮助用户专注于绘图区域。启用该命令后，如果执行某个在屏幕上操作的命令，在十字光标附近会出现一个"工具栏提示"，显示与正在执行的命令有关的信息（如命令提示和相关数据等），该信息随着光标移动而动态更新。通过状态栏上"**DYN**"按钮或功能键 F12 打开和关闭。通过如图 2-46 所示选项卡进行设置。

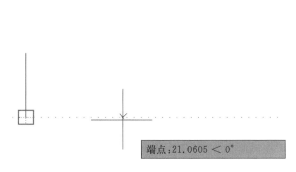

图 2-45　对象捕捉追踪

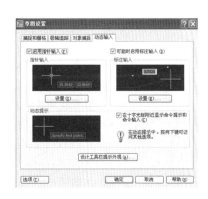

图 2-46　"动态输入"选项卡

二、基本二维图形的绘制方法

AutoCAD 2006 提供了丰富的绘图命令用于创建各类图形对象，常用的基本绘图命令的功能及其用法如表 2-3 所示。

表 2-3　常用的基本绘图命令功能及其用法

命令选择方式	说　　明	图　　例
画直线命令 （1）工具栏 ✎ （2）下拉菜单： 　"绘图"→"直线" （3）命令行： 　L 或 Line	（1）功能：画直线。 （2）命令及提示： 命令：L 或 Line； _line 指定第一点：指定线段的起点； 指定下一点或［放弃（U）]：指定线段的终点。 （3）选项： 指定下一点或［放弃（U）]：提示后按回车键或鼠标右键，则自动把直线的起点定在最后一次画的线或圆弧的终点。 Close：在用 Line 命令一次画出两个或更多的直线段时，可以"指定下一点"提示后输入"C"来构成封闭图形。 U：用于取消最近画的一段直线	To Point P3 第三点 P1 起点　　P2 第二点 From Point　　To Point

命令选择方式	说　　明	图　　例
画圆命令 (1)工具栏: (2)下拉菜单: 　"绘图"→"圆" (3)命令行: 　C 或 Circle	(1)功能:绘制圆。 (2)命令提示及选项: 命令:C 或 Circle 指定圆的圆心或[三点(3P)/两点(2P)/ 相切、相切、半径(T)]; (3)选项: 默认项是指定圆心位置。 3P:用三点方式画圆。 2P:以直径上两个端点方式画圆。 TTR:绘制与两直线、圆或圆弧相切 的圆。 注:通过下拉菜单用 TTT(Tan,Tan, Tan)方式可以画出与指定三实体(直 线、圆或圆弧)相切的圆	
画圆弧命令 (1)工具栏: (2)下拉菜单: 　"绘图"→"圆弧" (3)命令行: 　A 或 Arc	(1)功能:绘制圆弧。命令别名"A"。 (2)命令的选项: 命令:A 或 Arc _arc 指定圆弧的起点或[圆心(CE)]; (3)右边图例注解: S:指定圆弧的起点; C:指定圆弧的圆心; E:指定圆弧的终点; A:输入圆弧的夹角值或为角度拾取点; D:在给定圆弧的起点和终点后,指定圆 弧起点处切线方向; R:输入圆弧半径或拾取距圆心的距离 为半径的点; L:在给定起点和圆心后,用于指定弧的 弦长; CONTINUE:以刚画出的直线或圆弧的 终点及在终点的走向作为待画圆弧的起 点及在起点处的走向,开始画圆弧	

命令选择方式	说　　明	图　　例
画正多边形命令 (1)工具栏: ⬠ (2)下拉菜单: 　"绘图"→"正多边形" (3)命令行:polygon	(1)功能:绘3～1024条边的正多边形。 (2)命令提示: 命令:polygon _polygon 输入边的数目〈4〉:确定边数 指定多边形的中心点或[边(E)] (3)选项: Edge:指定两个点,以该两点的连线作为多边形的一条边; Center:指定多边形的中心在图形中的位置; (I)Inscribed:指定画内接多边形; (C)Circumscribed:指定画外切多边形	 I方式　　　　C方式 E方式
画矩形命令 (1)工具栏: ▭ (2)下拉菜单: 　"绘图"→"矩形" (3)命令行:rectangle	(1)功能:通过指定两个对角点绘制矩形。 (2)命令提示: 命令:rectangle 指定第一个角点或[倒角(C)/标高(E)/圆角(F)/厚度(T)/宽度(W)]; (3)选项: C(Chanfer):画出带倒角的矩形; E(Elevation):指定标高; F(Fillet):画出带圆角的矩形; T(Thickness):输入矩形厚度; W(Width):先指定线宽后画矩形	 F C　　　　W

命令选择方式	说　明	图　例
画点命令： (1)工具栏： · (2)下拉菜单 "绘图"→"点" (3)命令行：point	(1)功能：绘制指定样的点。 (2)命令提示： 命令：point 指定点：输入点的位置。 (3)选项： 在下拉菜单中，Point 子菜单中有 Divide 和 Measure 两个选项，Divide 是沿某个对象的长度方向绘制等分点；Measure 是沿某个对象长度方向绘制等距点。 点样式可通过下拉菜单"格式"→"点样式" 打开"点样式"对话框，设置点的样式和大小	Point Divide 等分　　Number=4 Measure Segement　　等距点 　　　　　Length=6
多行文本命令： (1)工具栏： A (2)下拉菜单： "绘图"→"文字"→"多行文字" (3)命令行：Mtext	(1)功能：在用户指定的边框范围内添加多行文本。 (2)命令提示： 命令：Mtext 指定文本边框的第一个对角点： 指定对角点或[高度(H)/对正(J)/行距(L)/旋转(R)/样式(S)/宽度(W)]； (3)选项： 默认选项为指定文本边框的另一对角点。在指定第二个对角点后，即出现多行文本编辑器； H：指定多行文本使用的字符高度； J：指定文本的对齐方式，默认是左上角对齐； R：指定文本框的旋转角度； S：指定多行文本所用的字型； W：指定多行文本对象的宽度	TC TL +　　+　　+ TR ML +　　+　　+ MR BL +　　+　　+ BR 　　BC　MC 多行文本标注可以对多行的一个段落文本进行输入与编辑。 多行文本对齐方式

三、二维图形的基本编辑方法

图形编辑功能是计算机绘图的优势所在，AutoCAD 2006 具有强大的图形编辑功能。在众多的编辑命令中，有些命令的功能很相似，绘制同样的图形可以用不同的方式得到。要快速准确地作图，应熟悉每一个命令的功能及用法。

1. 夹点编辑法

单击某图形对象，即选种某图形对象，此时该图形变成虚线并显示其关键点（蓝色小方框代表的点）。这些点定义了图形对象的位置和几何形状，其位置的变动将使它所定义的图形对象的位置或形状发生改变。当图形被选中时，再单击需要编辑的关键点，此时该关键点由蓝色小方框变为实心的红色方框，即表示进入关键点编辑状态，可进行拉伸、移动、旋转、缩放、镜像五种编辑方式。按照命令行出现的编辑提示，按回车键可使五种编辑方式依次循环，或者右击弹出快捷菜单，从菜单中选择所需编辑命令即可，如图 2-47 所示。

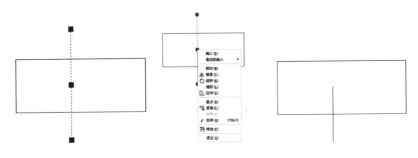

图 2-47　夹点编辑法

2. 命令编辑法

常用的编辑命令在"修改"工具条上，如表 2-4 所示。

表 2-4　常用编辑命令的功能及其用法

命　　令	说　　明	图　　例
删除命令 (1)工具栏： (2)下拉菜单： 　"修改"→"擦除" (3)命令行：E 或 Erase	(1)功能：删除指定的实体。 (2)命令提示： 命令：Erase 选择对象：选择实体； 选择对象：结束选择实体并删除已选择的实体	单选 窗选

命 令	说 明	图 例
复制命令 (1)工具栏: (2)下拉菜单: "修改"→"复制" (3)命令行:CO 或 Copy	(1)功能:复制图形实体。 (2)命令与提示: 命令:Copy 选择对象:选择被复制实体; 选择对象:结束选择实体; 指定基点或位移,或者[重复(M)]; (3)选项: 默认项为指定基点或位移量。 重复(M):生成多个拷贝	 多重复制
镜像命令 (1)工具栏: (2)下拉菜单: "修改"→"镜像" (3)命令行:MI 或 Mirror	(1)功能:将图形实体镜像复制。 (2)命令与提示: 命令:Mirror 选择对象:选择要镜像实体; 指定镜像线第一点:输入对称线的第一点; 指定镜像线第二点:给定第二点; 是否删除原图形对象?(Y/N)	
偏移命令 (1)工具栏: (2)下拉菜单: "修改"→"偏移" (3)命令行:O 或 Offset	(1)功能:对一个选择的图形实体生成等距线。 (2)命令与提示: 命令:Offset 指定偏移距离成[通过(T)]〈1.0000〉: 默认项是输入一个点确定偏移后的位置,也可直接输入偏移距离或两个点,根据两点确定距离,回车后则提示: 选择要偏移的对象:选择一个要偏移图形实体,指定偏移到原图形的哪边 选择 T 则提示: 选择一个要偏移图形实体 指定偏移线所过的点	

续表

命 令	说 明	图 例
阵列命令 (1)工具栏: ⊞ (2)下拉菜单: "修改"→"阵列" (3)命令行:AR 或 Array	功能:阵列复制实体。矩形阵列:生成图形实体的 n 行 m 列的 $n \times m$ 个拷贝。圆周阵列:按圆周等距离排列的 k 个拷贝。 命令与提示: 命令:Array 选择要阵列实体; 结束选择实体 选择阵列方式,R:矩形;P:圆周 选项: 默认项是矩形阵列,系统提示为: 输入行数 n; 输入列数 m; 输入行间距; 输入列间距; P:输入 P 后回车,表示圆周阵列,系统提示: 指定阵列中心: 指定复制对象所占圆周的圆心角: 复制时是否旋转圆形对象:〈Y〉:	矩形阵列 圆周阵列
平移命令 (1)工具栏: ✛ (2)下拉菜单: "修改"→"平移" (3)命令行:M 或 Move	功能:将图形实体从一个位置移动到另一个位置。 命令与提示: 命令:Move 选择要平移实体; 结束选择实体 指定移动的基点或位移量; 指定位移的第二点; 如果前一提示输入的是位移量,则本提示按回车键即可	基点 第二点

续表

命　　令	说　　明	图　　例
旋转命令 (1)工具栏: ⟳ (2)下拉菜单: "修改"→"旋转" (3)命令行:RO 或 Rotate	功能:使图形实体绕给定点旋转一定角度。 命令:Rotate 选择要旋转实体; 结束选择实体; 指定旋转基点; 默认项为指定旋转角度: R(reference):可相对某指定的角度或直线旋转一定角度。输入 R 后回车,提示为: 输入参考角或参考线上的一点: 输入相对参考角的旋转角度: 如果前一提示输入的是参考线上的一点则在此提示前还要提示: 输入参考线上的第二点	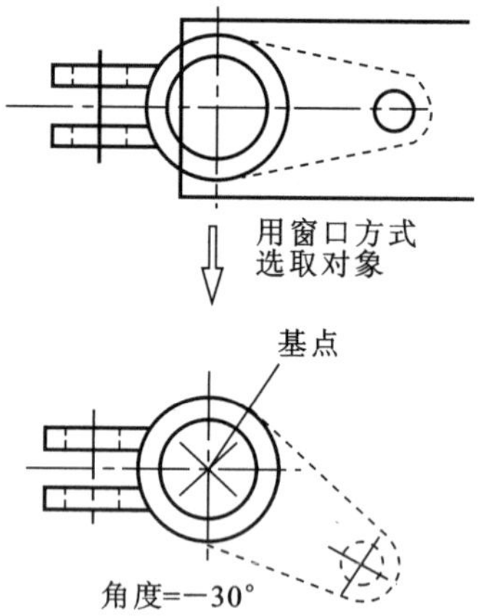 用窗口方式选取对象 基点 角度=-30°
比例缩放命令 (1)工具栏: ◻ (2)下拉菜单: "修改"→"比例缩放" (3)命令行 SC 或 scale	功能:放大或缩小实体。 命令与提示: 命令:Scale 选择实体; 结束选择实体; 输入缩放基点; 默认项为直接输入缩放比例; R:可参考现有图形对象的比例 输入 R 后回车,则提示: 输入原长度; 输入缩放后的长度	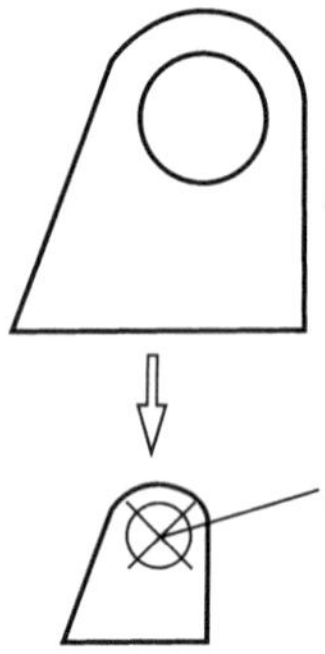 原图 基点 缩放比例=0.5
拉伸命令 (1)工具栏: ◻ (2)下拉菜单: "修改"→"拉伸" (3)命令行:S 或 Stretch	功能:拉伸图形中指定部分,例图形沿某个方向改变尺寸,但保持与原图中未指定不动部分的相连。 命令与提示: 命令:Stretch 用交叉窗口或多边形方法选择延伸实体; 指定位移的基点: 指定位移的第二点:	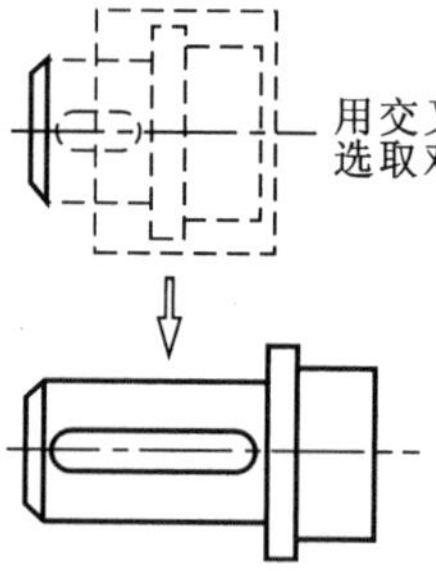 用交叉窗口选取对象

命 令	说 明	图 例
剪切命令 (1)工具栏： ⊬ (2)下拉菜单： "修改"→"剪切" (3)命令行：Trim	功能：以选定的一个或多个实体作为裁剪边，剪切过长的直线或圆弧等，使被切实体在与剪切边交点处被切断并删除。 命令与提示： 命令：Trim 选择剪切边； 选择要修剪的对象或[投影(P)/边(E)/放弃(U)]； 选项： 默认项是选取要裁剪的实体； P：用于在切割三维图形时确定投影模式； E：确定剪切边与待裁剪实体是直接相交还是延伸相交； U(Undo)：取消最后一次剪切	 以圆为剪切修剪直线 以直线为剪切修剪圆
延伸命令 (1)工具栏： ⊣ (2)下拉菜单： "修改"→"延伸" (3)命令行：Extend	功能：延伸实体到选定的边界上。 命令与提示： 命令：Extend 选择延伸边界： 拾取边界： 选择要延伸的对象或[投影(P)/边(E)/放弃(U)]； 说明：各选项的含义与Trim命令类	延伸边界
断开命令 (1)工具栏： □ (2)下拉菜单： "修改"→"断开" (3)命令行：BR 或 Break	功能：将一个图形实体分解为两个或删除实体的某一部分。 命令与提示： 命令：Break 选择某一个实体： 选择要延伸的对象或[投影(P)/边(E)/放弃(U)]； 选项： 默认项为指定第二断点。这时系统将第一个断点(选择实体时的拾取点默认为第一点)与第二断点间的实体删除，第二点可以不在实体上。 F：输入F并回车,则系统提示： 指定第一个断点； 指定第二个断点	第二点　　　选择线 断开后 以选择点为第一断点 第二点　　　第一点 选择线 断开后 输入F后选择第一断点

命　　令	说　　明	图　　例
倒直角命令 (1)工具栏: (2)下拉菜单: 　"修改"→"倒角" (3)命令行:CHA 或 Chamfer	功能:在两条不平行的直线间生成斜角。 命令与提示: 命令:Chamfer 选项: 默认项为选择第一条直线,然后系统提示让用户选择第二条直线,于是系统按指定的或默认的倒角距离进行倒角。 P:选择多段线,用默认的倒角距离对整个多段线执行倒角操作; D:输入新的两个倒角距离; A:输入第一倒角距离和角度; T:设置是否对选择实体进行裁剪; M:选择距离或角度两种方式的一种	
倒圆角命令 (1)工具栏: (2)下拉菜单: 　"修改"→"倒圆角" (3)命令行:F 或 Fillet	功能:用圆弧连接两个实体。 命令与提示: 命令:Fillet 选项:默认项为选择第一实体,然后系统提示,让用户选择第二个实体,于是系统以默认的半径画出过渡圆角。 R(Radius):指定过渡圆角半径; 其他选项与 Chamfer 命令选项相同	
分解命令 (1)工具条: (2)下拉菜单: 　"修改"→"分解" (3)命令行:X 或 Explode	功能:将复合的图形实体块分解为基本的实体 命令与提示: 命令:Explode 选择将要分解的实体; 结束选择实体	

2.4　标注平面图形的尺寸

　　尺寸标注是图样的一个重要内容,在 AutoCAD 2006 中标注尺寸,首选要依据尺寸标注的标准规定,创建符合国家标准规定的尺寸样式(详见第 1 章中尺寸注法国家标准相关规定)。

　　AutoCAD 2006 提供了十余种标注工具用以标注图形对象,分别位于"标注"菜单或"标注"工具栏中,使用它们可以进行角度、直径、半径、线性、对齐、连续、圆心及基线等标注。

　　尺寸标注的类型及其菜单、命令如表 2-5 所示,其对应的示例如图 2-48 所示。

表 2-5　尺寸标注的类型及其菜单、命令

工具栏按钮	菜　单	命　令	工具栏按钮	菜　单	命　令
	线型	DIMLINEAR		连续	DIMCONTIUNE
	对齐	DIMALIGNED		基线	DIMBASELINE
	坐标	DIMORDINATE		快速标注	QDIM
	半径	DIMRADIUS		引线	QLEADER
	直径	DIMDIAMETER		公差	TOLERANCE
	角度	DIMANGULAR		圆心标记	DIMCENTER

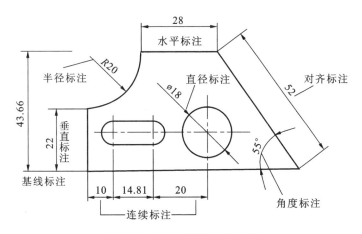

图 2-48　尺寸标注的类型示例

一、各种类型尺寸标注

1. 线性标注

用户选择"标注"→"线性"命令(DIMLINEAR),或在"标注"工具栏中单击"⊢⊣"按钮,可创建用于标注用户坐标系 XY 平面中的两个点之间的距离测量值,并通过指定点或选择一个对象来实现。

2. 对齐标注

选择"标注"→"对齐"命令(DIMALIGNED),或在"标注"工具栏中单击"↖"按钮,可以对对象进行对齐标注。

对齐标注是线性标注尺寸的一种特殊形式。在对直线段进行标注时,如果该直线的倾斜角度未知,那么使用线性标注方法将无法得到准确的测量结果,这时可以使用对齐标注。

3. 弧长标注

选择"标注"→"弧长"命令(DIMARC),或在"标注"工具栏中单击"⌒"按钮,可以标注圆弧线段或多段线圆弧线段部分的弧长,如图 2-49 所示。

4. 基线标注

选择"标注"→"基线"命令(DIMBASELINE),或在"标注"工具栏中单击"⊞"按钮,可以创建一系列由相同的标注原点测量出来的标注,如图 2-50 所示。

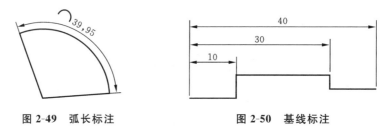

图 2-49　弧长标注　　　　　图 2-50　基线标注

与连续标注一样,在进行基线标注之前也必须先创建(或选择)一个线性、坐标或角度标注作为基准标注,然后执行 DIMBASELINE 命令,此时命令行提示如下信息。

指定第二条尺寸界线原点或[放弃(U)/选择(S)]<选择>:

在该提示下,可以直接确定下一个尺寸的第二条尺寸界线的起始点。AutoCAD 将按基线标注方式标注出尺寸,直到按下 Enter 键结束命令为止。

5. 连续标注

选择"标注"→"连续"命令(DIMCONTINUE),或在"标注"工具栏中单击"⊢⊢⊢"按钮,可以创建一系列端对端放置的标注,每个连续标注都从前一个标注的第二个尺寸界线处开始。

在进行连续标注之前,必须先创建(或选择)一个线性、坐标或角度标注作为基准标注,以确定连续标注所需要的前一尺寸标注的尺寸线,然后执行 DIMCONTINUE 命令,此时命令行提示如下。

指定第二条尺寸界线原点或[放弃(U)/选择(S)]<选择>:

在该提示下,当确定了下一个尺寸的第二条尺寸界线原点后,AutoCAD 按连续标注方式标注出尺寸,即把上一个或所选标注的第二条尺寸界线作为新尺寸标注的第一条尺寸界线标注尺寸。当标注完成后,按 Enter 键即可结束该命令,如图 2-51 所示。

图 2-51　连续标注

6. 半径标注

选择"标注"→"半径"命令(DIMRADIUS),或在"标注"工具栏中单击"🜨"按钮,可以标注圆和圆弧的半径。执行该命令,并选择要标注半径的圆弧或圆,此时命令行提示如下信息。

指定尺寸线位置或[多行文字(M)/文字(T)/角度(A)]:

当指定了尺寸线的位置后,系统将按实际测量值标注出圆或圆弧的半径。也可以利用"多行文字(M)"、"文字(T)"或"角度(A)"选项,确定尺寸文字或尺寸文字的旋转角度。其中,当通过"多行文字(M)"和"文字(T)"选项重新确定尺寸文字时,只有给输入的尺寸文字加前缀 R,才能使标出的半径尺寸有半径符号 R,否则没有该符号。

7. 折弯标注

选择"标注"→"折弯"命令(DIMJOGGED),或在"标注"工具栏中单击"⚡"按钮,可以折弯标注圆和圆弧的半径。该标注方式是 AutoCAD 新增的一个命令,它与半径标注方法基本相同,但需要指定一个位置代替圆或圆弧的圆心。

8. 直径标注

选择"标注"→"直径"命令(DIMDIAMETER),或在"标注"工具栏中单击"🜨"按钮,可以标注圆和圆弧的直径。直径标注的方法与半径标注的方法相同。当选择了需要标注直径的圆或圆弧后,直接确定尺寸线的位置,系统将按实际测量值标注出圆或圆弧的直径。并且,当通过"多行文字(M)"和"文字(T)"选项重新确定尺寸文字时,需要在尺寸文字前加前缀％％C,才能使标出的直径尺寸有直径符号 ø。

9. 圆心标记

选择"标注"→"圆心标记"命令(DIMCENTER),或在"标注"工具栏中单击"⊕"按钮,即可标注圆和圆弧的圆心。此时只需要选择待标注其圆心的圆弧或圆即可。

圆心标记的形式可以由系统变量 DIMCEN 设置。当该变量的值大于 0 时,作圆心标记,且该值是圆心标记线长度的一半;当变量的值小于 0 时,画出中心线,且该值是圆心处小十字线长度的一半。

10. 角度标注

选择"标注"→"角度"命令(DIMANGULAR),或在"标注"工具栏中单击" " 按钮,都可以测量圆和圆弧的角度、两条直线间的角度,或者三点间的角度,如图 2-52 所示。执行 DIMANGULAR 命令,此时命令行提示如下。

选择圆弧、圆、直线或 <指定顶点>:

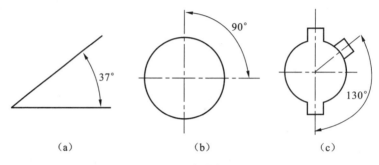

(a)　　　　　　　　(b)　　　　　　　　(c)

图 2-52　角度标注

11. 引线标注

引线标注可以画出一条引线来标注对象,在引线末端输入文字、备注说明等,如图 2-53 所示。

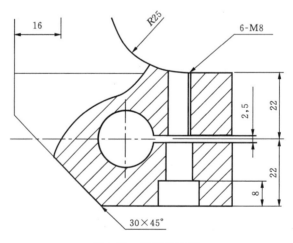

图 2-53　引线的应用

选择"标注"→"引线"命令(QLEADER),或在"标注"工具栏中单击" " 按钮,执行命令后,命令行提示如下。

指定第一个引线点或[设置(S)]<设置>:

按 Enter 键后出现如图 2-54 所示对话框,进行设置后选择引线第一点。

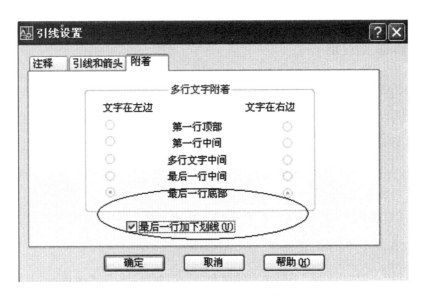

图 2-54 "引线设置"对话框

指定下一点:选择引线下一点。

指定下一点:按 Enter 键。

指定文字宽度〈0〉:把光标适当移动,并单击。

输入注释文字的第一行〈多行文字(M)〉:按 Enter 键,启动多行文字编辑器,输入标注文字。

12.坐标标注

选择"标注"→"坐标"命令,或在"标注"工具栏中单击""按钮,都可以标注相对于用户坐标原点的坐标,此时命令行提示如下信息。

指定点坐标:

在该提示下确定要标注坐标尺寸的点,而后系统将显示"指定引线端点或[X 基准(X)/Y 基准(Y)/多行文字(M)/文字(T)/角度(A)]:"提示。默认情况下,指定引线的端点位置后,系统将在该点标注出指定点坐标。

13.快速标注

选择"标注"→"快速标注"命令,或在"标注"工具栏中单击""按钮,都可以快速创建成组的基线、连续、阶梯和坐标标注,快速标注多个圆、圆弧,以及编辑现有标注的布局。

执行"快速标注"命令,并选择需要标注尺寸的各图形对象,命令行提示如下。

指定尺寸线位置或[连续(C)/并列(S)/基线(B)/坐标(O)/半径(R)/直径(D)/基准点(P)/编辑(E)/设置(T)]＜连续＞:

由此可见,使用该命令可以进行"连续(C)"、"并列(S)"、"基线(B)、"坐标(O)"、"半径(R)"及"直径(D)"等一系列标注。

二、编辑标注对象

在 AutoCAD 2006 中,可以对已标注对象的文字、位置及样式等内容进行修改,而不必删除所标注的尺寸对象再重新进行标注。

1.编辑标注

在"标注"工具栏中,单击"编辑标注"按钮,即可编辑已有标注的标注文字内容和放置位置,此时命令行提示如下。

输入标注编辑类型［默认(H)/新建(N)/旋转(R)/倾斜(O)］＜默认＞:

2.编辑标注文字的位置

选择"标注"→"对齐文字"子菜单中的命令,或在"标注"工具栏中单击"编辑标注文字"按钮,都可以修改尺寸的文字位置。选择需要修改的尺寸对象后,命令行提示如下。

指定标注文字的新位置或［左(L)/右(R)/中心(C)/默认(H)/角度(A)］:

默认情况下,可以通过拖动光标来确定尺寸文字的新位置,也可以输入相应的选项指定标注文字的新位置。

3.替代标注

选择"标注"→"替代"命令(DIMOVERRIDE),可以临时修改尺寸标注的系统变量设置,并按该设置修改尺寸标注。该操作只对指定的尺寸对象作修改,并且修改后不影响原系统的变量设置。执行该命令时,命令行提示如下。

输入要替代的标注变量名或［清除替代(C)］:

默认情况下,输入要修改的系统变量名,并为该变量指定一个新值。然后选择需要修改的对象,这时指定的尺寸对象将按新的变量设置作相应的更改。如果在命令提示下输入 C,并选择需要修改的对象,这时可以取消用户已作出的修改,并将尺寸对象恢复成在当前系统变量设置下的标注形式。

4.更新标注

选择"标注"→"更新"命令,或在"标注"工具栏中单击"标注更新"按钮,都可以更新标注,使其采用当前的标注样式,此时命令行提示如下。

输入标注样式选项[保存(S)/恢复(R)/状态(ST)/变量(V)/应用(A)/?]＜恢复＞:

5.尺寸关联

尺寸关联是指所标注尺寸与被标注对象有关联关系。如果标注的尺寸值是按自动测量值标注,且尺寸标注是按尺寸关联模式标注的,那么改变被标注对象的大小后相应的标注尺寸也将发生改变,即尺寸界线、尺寸线的位置都将改变到相应新位置,尺寸值也改变成新测量值。反之,改变尺寸界线起始点的位置,尺寸值也会发生相应的变化,如图 2-55 所示。

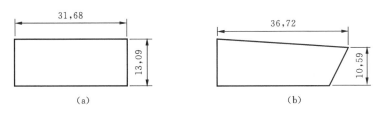

图 2-55 尺寸关联

2.5 复杂平面图形综合实例

用正确的绘图方法和编辑方法,在 A3 图幅上画出如图 2-56 所示的吊钩的平面图形,要求如下。

(1)用 1∶1 比例绘制图,标注尺寸;

(2)学会用 AutoCAD 画连接直线和连接圆弧。

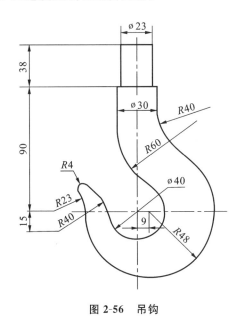

图 2-56 吊钩

一、调用样板图

调用本章第 2.2 节中已制作好的 A3 样板图,故其图层、线型、文字样式、标注样式及图框等都按国家标准设置好了。

二、绘制作图基准线

如图 2-57 所示,绘制作图基准线。

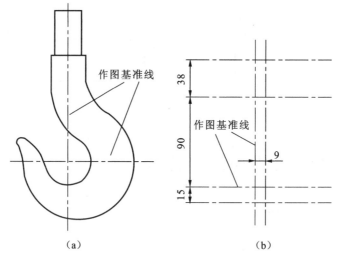

图 2-57　作图基准

三、绘制已知线段

(1)切换当前图层为"粗实线",打开状态栏中的"极轴"和"对象捕捉",画吊钩上部的直线轮廓,如图 2-58 所示。

(2)再以图形基准线为对称线执行镜像操作,如图 2-59 所示。

(3)绘制已知圆 ø40 和圆弧 R48,如图 2-60 所示。

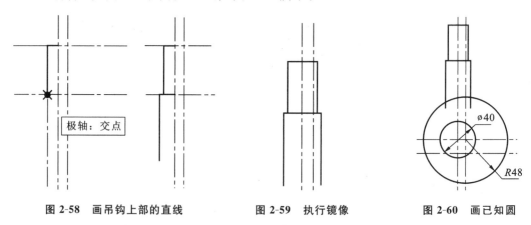

图 2-58　画吊钩上部的直线　　　图 2-59　执行镜像　　　图 2-60　画已知圆

四、画左端中间圆弧 $R40$ 和 $R23$

(1)因为圆弧 $R40$ 与圆 ø40 外切,已知它的圆心位于中心线 L_2 上,以圆 ø40 的圆心 O_1 为圆心,以两圆的半径之和 $20+40=60$ 为半径画圆 C_1,圆 C_1 与中心线 L_2 的交点即为 $R40$ 圆的圆心 A,画圆弧 $R40$,如图 2-61 所示。

(2)用同样的方法可作出圆弧 $R23$,如图 2-62 所示。

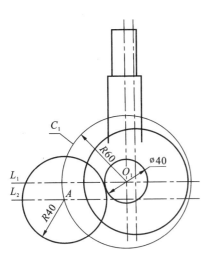

图 2-61　画圆弧 R40

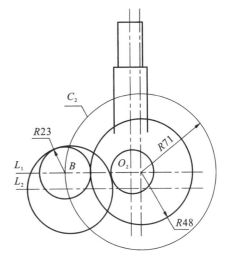

图 2-62　画圆弧 R23

五、画连接圆弧

利用圆角命令绘制圆弧 R40、R60 和 R4，如图 2-63 所示。

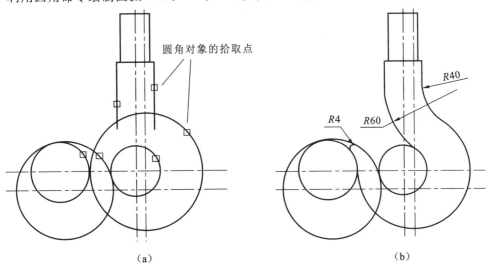

（a）　　　　　　　　　　　　（b）

图 2-63　画连接圆弧

六、修剪多余的圆弧段

修剪多余的圆弧段，如图 2-64 所示。

七、调整图形基准线的长度

调整图形基准线的长度，作图完毕。

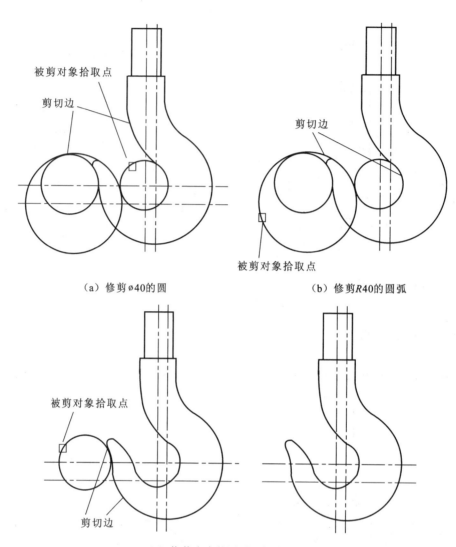

（a）修剪ⵁ40的圆　　　　　　　　　（b）修剪R40的圆弧

（c）修剪多余的圆弧段操作和修剪结果

图 2-64　修剪多余的圆弧段

八、标注尺寸

(1)单击"┝┥"按钮,标注线性尺寸 38、90、15、9。

(2)单击"◔"按钮,单击图标 R4、R23、R40、R48、R40、R60。

(3)单击"◕"按钮,单击图标 ⵁ40。

(4)单击"┝┥"按钮,标注线性尺寸 30 和 23。

修改尺寸标注文字。

命令:dimedit,按 Enter 键。

输入选项 N,按 Enter 键。

系统打开"多行文字编辑器"对话框,输入％％C。

按屏幕提示选择对象:选取尺寸 30。

找到一个。

选择对象:选取尺寸 23。

找到一个,总计 2 个。

按 Enter 键。

结果如图 2-56 所示。

九、保存文件

以"吊钩"为文件名将文件存盘。

2.6　图形的输出

AutoCAD 中制作完成的图形最重要的应用就是利用计算机输出图形,因此打印输出是使用 AutoCAD 2006 的用户必须掌握的技能。

对于绘制好的 AutoCAD 图形,可以用打印机或者绘图仪输出。在输出前,必须对输出设备进行相应的配置,才能正确的输出图形。其方法有两种:一种是从模型空间输出图形;另一种是设置布局从图纸空间输出图形。

一、从模型空间输出图纸

从模型空间绘制的工程图,如果不需要重新布局,可以在模型空间直接输出图形。初次使用打印机前,应做好以下几个准备。

(1)检查打印机与计算机是否正确连接,并检查有无报警提示。装好纸,使打印机处于待机状态。

(2)正确安装了打印机的驱动程序。

(3)对相应参数进行正确设置。

1. 设置、选择打印输出设备

选择"文件"→"打印"命令,弹出如图 2-65 所示的"打印-模型"对话框。

在"打印机/绘图仪"选项区域的"名称"下拉列表中选择要使用的绘图仪,用户可以选择已经配置好的某一个打印机配置,如图 2-66 所示。

2. 选择图纸幅面

用户如果选择了指定的打印设备,则"图纸尺寸"下拉列表框显示所选打印设备可用的标准图纸尺寸;如果未选择绘图仪,将显示全部标准图纸尺寸的列表以供选择。在"图纸尺寸"选项区域中从下拉列表中选择合适的图纸幅面,如图 2-67 所示,在右上角可以预览图纸幅面的大小,一般在机械制图中多用 ISOA4 和 ISOA3 幅面的图纸。

图 2-65 "打印-模型"对话框

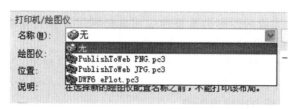

图 2-66 设置打印机

图 2-67 选择图纸幅面

如果所选绘图仪不支持布局中选定的图纸尺寸,将显示警告,用户可以选择绘图仪的默认图纸尺寸或自定义图纸尺寸。

3．设定打印区域

"打印"对话框的"打印区域"选项区域中提供了四种确定打印区域的方法。

1）图形界限

打印布局时,将打印指定图纸尺寸的页边距内的所有内容,其原点从布局中的(0,0)点计算得出。从"模型"选项卡打印时,将打印图形界限定义的整个图形区域。如果当前视口不显示平面视图,该选项与"范围"选项效果相同。

2）显示

打印选定的"模型"选项卡当前视口中的视圈或布局中的当前图纸空间视图。该选项仅对当前选项卡有效,按照图形窗口的显示情况直接输出图形。

3）范围

打印图形的当前空间部分,当前空间内的所有几何图形都将被打印。打印之前.可能会重新生成图形以便重新计算打印范围。

4）窗口

打印指定的图形的任何部分,这是直接在模型空间打印图形时最常用的方法。选择"窗口"选项,在"指定第一个角点:"提示下,指定打印窗口的第一个角点,在"指定对角点:"提示下,指定打印窗口的另一个角点。使用窗口方式确定打印区域是一种简便而且常用的方法,这时机械图纸中的图幅框将会起到作用,使用捕捉功能直接指定图幅框为打印区域就可以了。

4．设定打印比例

"打印比例"选项区用于控制图形单位与打印单位之间的相对尺寸,默认设置为"布满图纸"。

1）"布满图纸"复选框

恢复选框仅在"模型"空间打印时有用。选择该复选框后缩放打印图形以布满所选图纸尺寸,并在"比例"、"毫米＝"和"单位"文本框中显示自定义的缩放比例因子。

2）"比例"下拉列表框

用于定义打印的精确比例。当选中"布满图纸"复选框后,其他选项显示为灰色,表示不能更改,如图 2-68 所示。

当不选择"布满图纸"复选框时,比例将可以自行设置,一般机械制图中多采用 1∶1 的比例,如图 2-69 所示。

图 2-68　选择"布满图纸"

图 2-69　不选择"布满图纸"

5．调整图形打印方向和位置

在页面管理器中的"图形方向"选项区域可以指定图形在图纸上的打印方向。

1）纵向

放置并打印图形,使图纸的短边位于图形页面的顶部。

2）横向

放置并打印图形,使图纸的长边位于图形页面的顶部。

3）反向打印

上下颠倒地放置并打印图形。

在"图纸方向"选项区域中可以选择图形打印的方向和文字的位置,如图 2-70 所示分别为"纵向"和"横向"的效果图。

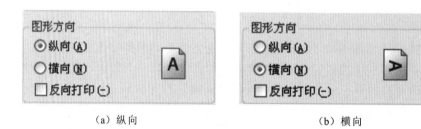

（a）纵向　　　　　　　　　　　　　　　　　（b）横向

图 2-70　选择图纸放置方向

如果选中了"反向打印"复选框,则打印内容将会反向,对于打印一般机械制图关系不是很大,但是如果使用带有方向的打印纸的话需要注意方向。

6．预览打印效果

单击"打印"对话框中的"预览"按钮可以对打印图形效果进行预览。若对某些设置不满意可以返回修改。要退出打印预览并返回"打印"对话框,按 ESC 键,然后按 Enter 键;或右击,在弹出的快捷菜单中选择"退出"命令。

7．打印图形

预览满意后,单击"打印"对话框中的"确定"按钮,即可打印图形。

二、从图纸空间输出图纸

对于已经存在于模型空间的图形,可以通过图纸空间来打印输出图形。需要先从模型空间转换到图纸空间,如图 2-71 所示。

选择"文件"→"打印"命令,弹出如图 2-72 所示的"打印-布局"对话框,对各个参数进行设置后便可以从图纸空间直接出图。要注意的是:打印布局时,默认缩放比例设置为 1：1,其他具体步骤不再赘述。

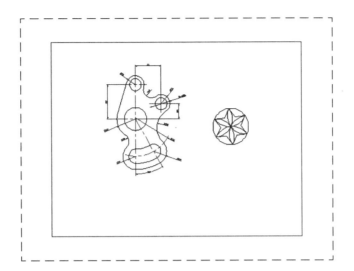

图 2-71 图纸空间中的图形

图 2-72 "打印-布局"对话框

第3章 投影与视图基础

工程图样(零件图、装配图等)的绘制和表达是以投影理论为基础的。本章根据国家标准《技术制图 投影法》(GB/T 14692—2008)的要求,介绍投影的相关知识。

3.1 投影法

一、投影法及其分类

1.投影概念

物体经光线照射,在地面或墙面上会出现影子,这个影子可以或多或少地反映出物体某个方向的外廓几何形状。这种现象经人们的科学抽象,形成了投影。将空间物体表示在平面(纸平面等)上的方法,称为投影法。投影法的相关概念与名词(投影中心 S、投影面 P、投射线、投影)如图 3-1 所示。

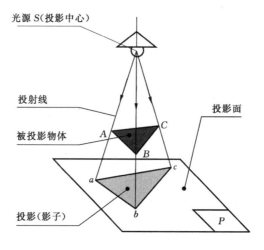

图 3-1 投影的概念及中心投影法

2.投影法的分类

投影法分为中心投影法和平行投影法两类。

1）中心投影法

如图 3-1 所示,所有投射线都从一个投影中心发出,这种投影方法称为中心投影法。这种投影随物体到投影面的距离变化而改变大小,它不能反映空间形体表面的真实大小和形状,但富有真实感,故常用于建筑行业中的透视图。

2）平行投影法

如图 3-2 所示,当投影中心移至无穷远处时,则照射于投影面上所有的投射线就成为平行线(如太阳照射于地球表面上的光线),这种投影法称为平行投影法。采用平行投影法时,当物体平行于投影面移动时,投影的形状和大小不改变。在平行投影法中,投射线的方向称为投影方向。根据投影方向是否垂直于投影面,平行投影法又分为正投影法和斜投影法两类,如图 3-2 所示。

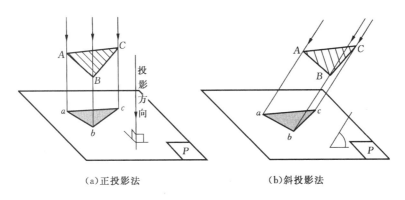

(a)正投影法   (b)斜投影法

图 3-2　平行投影法

用正投影法作出的投影图称为正投影。本课程研究平行投影且主要是正投影,绘制技术图样时,应以正投影法为主。本章下文中所谓"投影"均指正投影。

二、正投影的基本特性

平面或直线相对于一个投影面所处的位置有平行、垂直和倾斜三种情况,其正投影分别具有如下特性。

1.真实性

当直线段或平面形平行于投影面时,其投影反映线段的真实长度(简称实长),或反映平面形的真实形状(简称实形)。这种投影特性称为真实性,如图 3-3 线段 AB 的投影 $a'b'$ 和平面 R 的投影 r'。

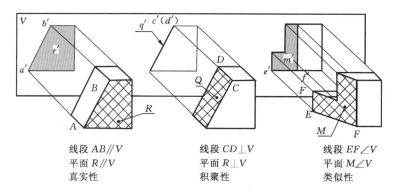

线段 AB//V	线段 CD⊥V	线段 EF∠V
平面 R//V	平面 R⊥V	平面 M∠V
真实性	积聚性	类似性

图 3-3　正投影的基本性质

2．积聚性

当直线段或平面形垂直于投影面时,线段的投影积聚成一个点,平面的投影积聚为一条直线,这种特性称为积聚性,如图 3-3 线段 CD 的投影 $c'd'$,平面 Q 的投影 q'。

3．类似性

当直线段或平面形倾斜于投影面时,线段的投影是缩短的线段,平面的投影是缩小的类似形,这种特性称为类似性,如图 3-3 线段 EF 的投影 $e'f'$,平面 M 的投影 m'。

三、视图

根据正投影原理,国家标准《技术制图　投影法》(GB/T 14692—2008)规定:将被投影的物体置于观察者和投影面之间,把物体上可见的轮廓线用粗实线画出,把不可见轮廓线用虚线画出,用这种方法绘制出来的正投影图又称为视图,如图 3-4 所示。

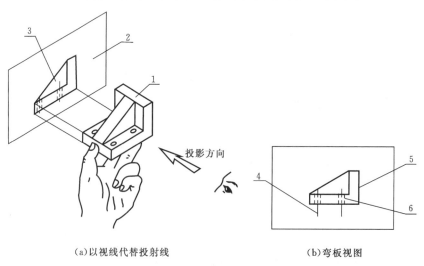

(a)以视线代替投射线　　　　　　(b)弯板视图

图 3-4　视图的概念

1—零件;2—投影面;3—视图;4—孔的中心线;5—零件看得见的轮廓线;6—零件看不见的轮廓线

3.2 物体的三视图

由图 3-5 可知,一般只根据物体的一面视图,是不能确定该物体的形状的。为了完整地表达出一个物体的形状,必须增加投影面,即改变投影方向,增加视图。本节讨论物体的三视图。

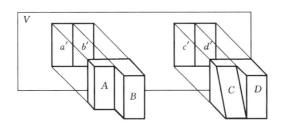

图 3-5 不同物体的一面视图

一、三视图的形成

1.三投影面体系

国家标准《技术制图 投影法》(GB/T 14692—2008)规定:三投影面体系由三个互相垂直的投影面构成。相互垂直的投影面之间的交线称为投影轴,三投影轴的交点称为投影原点。各投影面、投影轴及原点的名称及字母标记必须按规定表示,如图 3-6 所示。

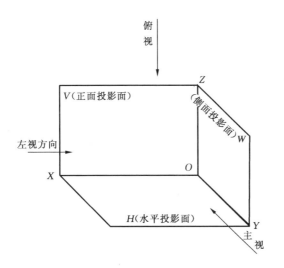

图 3-6 三投影面体系

2.物体的三面投影

如图 3-7(a)所示,将物体正放在三面体系中,并保持不动,按正投影法分别向各个投影面投影,即可得物体的三面投影。国家标准《技术制图 通用术语》(GB/T 13361—2002)规定:由前向后投射所得的视图(即正面投影)称为主视图;由上向下投射所得视图(即水平投影)称为俯视图;由左向右投射所得的视图(即侧面投影)称为左视图。主视图、俯视图与左视图合称为三视图。

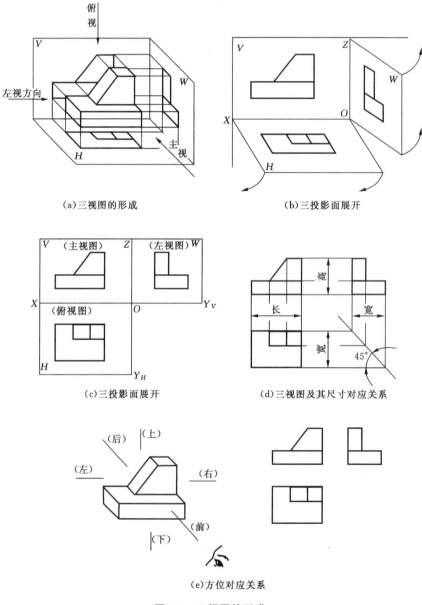

(a)三视图的形成　　　　　　　(b)三投影面展开

(c)三投影面展开　　　　　　　(d)三视图及其尺寸对应关系

(e)方位对应关系

图 3-7　三视图的形成

3. 三投影面的展开

为了将主、俯、左三个视图画在一张图纸上,必须将投影面展开。国家标准《技术制图 投影法》(GB/T 14692—2008)规定:正面投影面保持不动,将水平投影面及侧面投影面分别向下和向后展开,其展开方式分别如图 3-7(b)、(c)所示。

二、三视图的投影关系

1. 位置关系

以主视图为准,俯视图在主视图的正下方,左视图在主视图的正右方,如图 3-7(d)所示。

2. 尺寸关系

任何物体都具有长、宽、高三个方向的尺度。如图 3-7(d)所示,主视图反映物体的长度和高度;俯视图反映物体的长度和宽度;左视图反映物体的高度和宽度。因三个视图反映的是同一个物体,所以这三个视图之间应具有如下"三等"关系:

(1)主、俯视图长对正(等长);

(2)主、左视图高平齐(等高);

(3)俯、左视图宽相等(等宽)。

"长对正,高平齐,宽相等",无论是对于物体的整体还是局部都是如此,它是画图和识图时所必须遵循的投影规律。

3. 方位关系

如图 3-7(e)所示,规定以观察者面对正面投影面时的位置来确立物体的上、下、左、右、前、后这 6 个方位。三视图对应地反映物体的这 6 个方位关系是:

(1)主视图反映物体的上下和左右;

(2)俯视图反映物体的前后和左右;

(3)左视图反映物体的前后和上下。

当我们面对图纸看三视图时,图中上下左右的方位与我们日常视觉和左右手习惯判断方位是一致的,不容易适应的是前后方位。初学者应记住:俯、左视图中远离主视图的那一侧对应于物体的前方;反之,靠近主视图的一侧对应于物体的后方。

三、画简单物体的三视图

【例 3-1】 根据简单物体的直观图(见图 3-8(a)),画出其三视图。

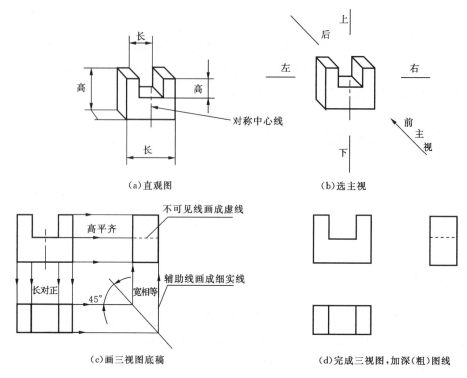

图 3-8　画三视图图例

解　(1)选定主视投影方向,物体方位随之而确定,如图 3-8(b)所示。

(2)画三视图底稿。

①根据各部分的长、高尺寸,画出该物体的主视图。

②根据宽度尺寸并注意"长对正",画出俯视图(主、俯视图之间留出适当间距)。

③按"高平齐、宽相等"(作出 45°辅助线)关系,画出左视图(主、左视图间留出适当间距)。凹槽中间水平面的侧面投影为不可见,画成虚线。注意"宽相等"的尺寸度量(俯视图竖着量尺寸,左视图横着度量尺寸)及其作图方法。

(3)检查底稿有无漏线和错画之处,擦去多余图线,注意线型,加深点画线和虚线,加粗所有可见轮廓线,完成全图,如图 3-8(d)所示。

3.3　点、直线、平面的投影特性

点的投影仍然是点,而且是唯一的,如图 3-9 中的空间点 A 在 H 面上的投影点 a 是唯一的。

一、点的三面投影

图 3-10(a)表示了空间点 A 在三投影面体系中的三面投影 a、a' 和 a'' 的形成,将 H、W 投影面展开,如图 3-10(b)所示;去掉投影面的边框,保留投影轴,便得到点 A 的三面投影图,如图 3-10(c)所示。

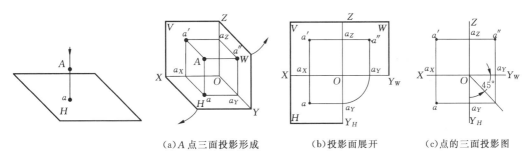

(a)A 点三面投影形成 　　(b)投影面展开 　　(c)点的三面投影图

图 3-9　点的投影 　　　　**图 3-10　点的三面投影**

点的三面投影标记规定亦如图图 3-10 所示。由图可见,在三面体系中一个空间点 A 的任意两面投影,可以唯一地确定该点的空间位置。如 V、H 面点的投影 a' 和 a 可以确定点 A 的位置。

由图可推知,点的三面投影规律是:

(1)$a'a \perp OX$,即空间点 A 的正面投影 a' 和水平投影 a 的连线一定垂直于 OX 轴;

(2)$a''a' \perp OZ$,即空间点 A 的正面投影 a' 和侧面投影 a'' 的连线一定垂直于 OZ 轴;

(3)$aa_x = a''a_z$,即空间点 A 的水平投影 a 到 OX 轴的距离,等于它的侧面投影 a'' 到 OZ 轴的距离。

这就是物体三视图“长对正,高平齐,宽相等”对应尺寸关系的理论依据。物体上任意点的三面投影都应符合这个规律。

二、各种位置直线及其投影特性

根据直线在三面体系中所处位置的不同,可将直线分为三类:一般位置直线、投影面平行线和投影面垂直线。后两类直线又称为特殊位置直线。直线对 V、H、W 三个投影面的倾角分别表示为 β、α、γ。

表 3-1 列出了一般位置直线的投影特性。

表 3-1　一般位置直线投影特性及点属于直线的投影特性

直线名称	立体图及线段空间位置	三　视　图	投　影　图	投影特性
一般位置直线				三面投影均为倾斜线。若点 $K \in AB$、则 $k' \in a'b'$、$k \in ab$、$k'' \in a''b''$

1.投影面平行线

在三面体系中,平行于一个投影面,倾斜于另外两个投影面的直线,称为投影面平行线。表 3-2 分别列出了三种投影面平行线的投影特性。

表 3-2 投影面平行线及其投影特性

直线名称	立体图及线段空间位置	三 视 图	投 影 图	投 影 特 性
正平线	AB 平行于正面投影面,倾斜于其他两个投影面			在线段所平行的投影面上的投影为一斜线,另外两面投影为平行于投影轴的线段,且反映出线段所平行投影面的空间位置,即"一斜线二平行线"
水平线	BC 平行于水平投影面,倾斜于其他两个投影面			
侧平线	AC 平行于侧面投影面,倾斜于其他两个投影面			

2.投影面垂直线

在三面体系中,垂直于一个投影面,平行于另外两个投影面的直线,称为投影面垂直线。表 3-3 分别列出了三种投影面垂直线的投影特性。

表 3-3 投影面垂直线及其投影特性

直线名称	立体图及线段空间位置	三 视 图	投 影 图	投 影 特 性
正垂线	AB 垂直于 V 面,平行于其他两个投影面			在线段所垂直的投影面上的投影积聚成点,并反映出该线段的空间位置;另外两个投影为平行于投影轴的线段。即"一点二平行线"
铅垂线	AC 垂直于 H 面,平行于其他两个投影面			
侧垂线	AD 垂直于 W 面,平行于其他两个投影面			

三、各种位置平面及其投影特性

在三投影面体系中,根据平面对投影面所处的不同位置,可将平面分为三类:一般位置平面、投影面垂直面和投影面平行面。后两类平面又称为特殊位置平面。平面对 V、H、W 三个投影面的倾角分别用 β、α、γ 表示。

1. 一般位置平面

一般位置平面对三个投影面都倾斜,即 β、α、γ 都不为零,因此它的三面投影均为小于实形的类似图形,如表 3-4 所示△ABC 的三面投影。

表 3-4　一般位置平面的投影特性

立体图及平面空间位置	三视图	投影图	投影特性
△ABC 倾斜于三个投影面			三个投影均为类似形,但不反映实形

2. 投影面垂直面

在三面体系中,垂直于一个投影面,且倾斜于另外两各投影面的平面称为投影面垂直面。表 3-5 分别列出了三种投影面垂直面的投影特性。

表 3-5　投影面垂直面及其投影特性

平面名称	立体图及平面空间位置	三视图	投影图	投影特性
正垂面	平面 S 垂直于 V 面,倾斜于其他两个投影面			在该平面所垂直的投影面上积聚为一斜线,且反映该面空间位置,另二面投影为类似形线框,即"一斜线二线框"
铅垂面	平面 P 垂直于 H 面,倾斜于另外两个投影面			
侧垂面	平面 Q 垂直于 W 面,倾斜于另外两个投影面			

3.投影面平行面

在三面体系中,平行于一个投影面,且必定垂直于另外两个投影面的平面称为投影面平行面。表 3-6 分别列出了三种投影面平行面的投影特性。

表 3-6　投影面平行面及其投影特性

平面名称	立体图及平面空间位置	三　视　图	投　影　图	投影特性
正平面	平面 S∥V 面,垂直于其他两个投影面			在该平面所平行的投影面上投影为一反映实形的线框,另二面投影积聚为平行于投影轴且反映平面的空间位置的直线,即为"一线框二平行线"
水平面	平面 P 平行于 H 面,垂直于其他两个投影面			
侧平面	平面 Q 平行于 W 面,垂直于其他两个投影面			

【例 3-2】　如图 3-11(a)所示,已知平面的正面和水平两面投影,求其侧面投影。

解　(1)分析:因为该平面的水平投影是一斜线,故判断该平面是铅垂面。

(2)标记并对点的投影,在正面投影上顺次标记出平面各顶点的投影,并长对正对齐至水平投影,如图 3-11(b)所示。

(3)根据点的两面投影作出各顶点的第三面投影——侧面投影,并顺次连接。

(4)检查,所作左视图与主视图为一类似形,判断平面形缺口方位为后、上方。检查无误后,加粗描深。

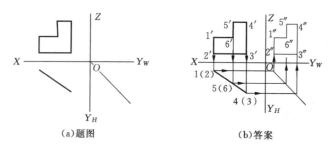

(a)题图　　　　　　　　　(b)答案

图 3-11　求平面的第三面投影

3.4　几何体的投影

　　任何一个机器零件或几何造型,都可以看成是由一些基本几何体按一定方式组合而成的。如图 3-12 所示的球阀,可看成是由棱柱、棱锥、圆柱、圆环、圆锥等基本几何体组合而成的。

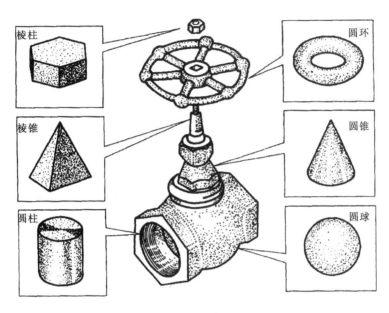

图 3-12　球阀

　　按表面性质的不同,几何体可分为平面体和曲面立体两大类。常见的曲面立体是回转体。

一、平面体

　　构成立体的各个表面全都是平面,这样的立体称为平面体。

　　由于平面体的各个表面都是平面,而平面是由若干棱线所组成,棱线(即直线段)又由各顶点所确定。所以画平面体的视图,实质上是画出平面体上各平面的投影,也就是作出平面体上各顶点和棱线的投影。

　　平面体可分为棱柱和棱锥两大类。

1.棱柱

　　棱柱由两个底面和几个侧棱面组成。侧棱面与侧棱面的交线称为棱线,棱柱的棱线互相平行,棱线与底面垂直的棱柱称为直棱柱,本节仅讨论直棱柱。

　　图 3-13 所示为一正六棱柱:顶面和底面都是水平面,因此顶面和底面的水平投影重合,

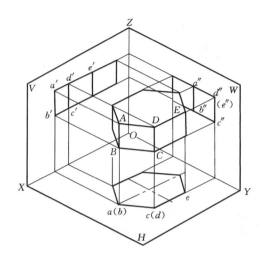

图 3-13　六棱柱的三面投影

并且反映实形;六个侧面中,前后两个面为正平面,其余四个为铅垂面,六条棱线是铅垂线。

如图 3-14 所示,画图示位置的正六棱柱的三视图,其作图步骤如下:

(1)画出对称中心线;

(2)画上下底面的三视图;

(3)画六条棱线及其对应端点的投影及三视图;

(4)加深、描粗完成三视图。

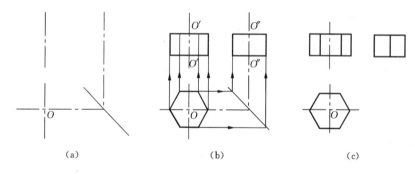

|(a)|(b)|(c)|

图 3-14　画正六棱柱的三视图

2.棱锥

如图 3-15 所示,正三棱锥的底面△ABC 为水平面,其水平投影反映实形,正面和侧面投影分别积聚成直线。由于后侧棱面△SAC 为侧垂面,所以其侧面投影积聚为一斜线,正面投影和水平投影为类似形。两侧面△SAB、△SBC 是一般位置平面,它们在三个投影面上的投影都是类似形。

对各棱线的投影,读者可自行分析。

如图 3-16 所示,画图示三棱锥的三视图,其作图步骤如下:

(1)画出对称中心线;

（2）画下底面的三视图；

（3）画锥顶点 S 的三视图；

（4）确定 A、B、C 三顶点的位置，并对应连线 SA、SB、SC；

（5）加深、描粗完成三视图。

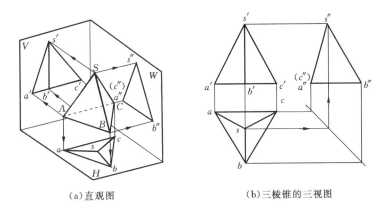

（a）直观图　　　　　　　　　（b）三棱锥的三视图

图 3-15　三棱锥的三视图

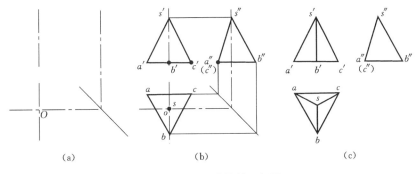

（a）　　　　　　（b）　　　　　　（c）

图 3-16　画三棱锥的三视图

表 3-7 列出了其他几种常见的平面基本体的三视图。初学者要熟练掌握它们的投影特性。

3. 其他简单平面体

这里对由几个平面体叠加而成的简单组合体的三视图的画法举例说明。

表 3-7　几种常见的平面基本体

	三 棱 柱	四 棱 柱	四 棱 锥	四 棱 台
三视图				

	三 棱 柱	四 棱 柱	四 棱 锥	四 棱 台
立体图				

【例 3-3】 画出如图 3-17 所示简单平面组合体的三视图。

分析:如图,该组合体可分解为Ⅰ、Ⅱ、Ⅲ三个部分,Ⅰ为带切口的底板,Ⅱ为竖板、Ⅲ为三角板(即三棱柱)。

作图步骤如下:

(1)确定主视图投影方向,由此确定该组合体的在三面体系中的方位;

(2)画底板,如图 3-18(a)所示,先画长方体的三视图,再画出前方的切口的投影;

(3)画出竖板的三视图,如图 3-18(b)所示;

(4)画出三角板的三视图,如图 3-18(c)所示;

(5)检查,画图时要注意各部分的相对位置及表面连接关系,由于竖板和底板的前表面平齐,在主视图中应将多余的图线擦除,最后加深虚线,加粗所有可见轮廓线,如图 3-18(d)所示。

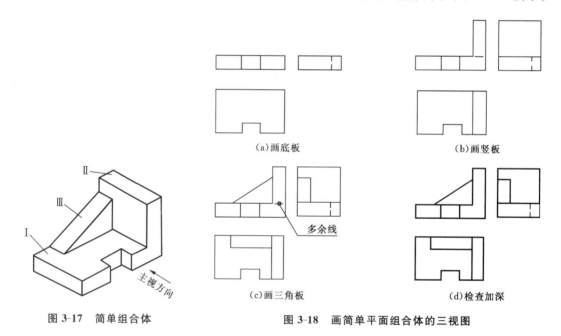

(a)画底板

(b)画竖板

(c)画三角板

(d)检查加深

图 3-17 简单组合体

图 3-18 画简单平面组合体的三视图

二、回转体

规则曲面可看作由一条线按一定的规律运动所形成,运动的线(直线或曲线)称为母线,而曲面上任一位置的母线称为素线,如图 3-19 所示。

母线绕定轴线(又称回转轴线)旋转则形成回转面。回转面的形状取决于母线的形状及母线与轴线的相对位置。母线上任一点绕轴线回转一周所形成的轨迹称为纬圆。纬圆的半径是该点到轴线的距离,纬圆所在的圆平面垂直于回转轴线。

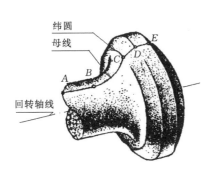

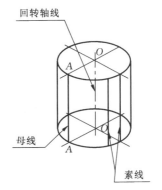

(a)曲母线 *ABCDE*:回转面与回转体　　　　(b)直母线 *AA*:圆柱面与圆柱体

图 3-19　回转面与圆柱面

本节仅讨论由回转面组成的立体——回转体。常见的回转体有圆柱、圆锥、圆球等。

回转体的投影作图,主要是画出回转面投影的转向轮廓线。转向轮廓线是相切于曲面的投影线与投影面的交点的集合,也就是曲面的最外围轮廓线,在投影图中,也常常是曲面的可见投影与不可见投影的分界线。需注意,回转面在正面投影、水平投影、侧面投影中的转向轮廓线,是曲面上不同位置的轮廓线的投影。

1.圆柱

圆柱由圆柱面和两个底平面围成。圆柱面是由一条直母线围绕与它平行的一条轴线回转而成,如图 3-19(b)所示。

圆柱的三视图如图 3-20 所示,圆柱的轴线垂直于水平投影面,故圆柱面两底平面圆为水平面。

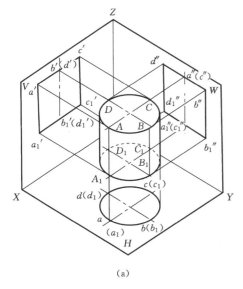

(a)

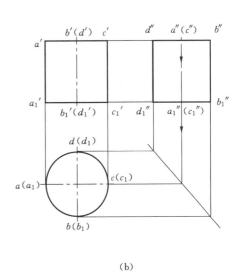

(b)

图 3-20　圆柱体的三视图

请读者对照图 3-20(a)、(b)逐一分析清楚下列面和线的三面投影的对应位置:①回转轴线;②上、下两底平面圆;③AA_1、BB_1、CC_1、DD_1 四条素线(又称转向轮廓线);④前半个圆柱面与后半个圆柱面;⑤左半个圆柱面与右半个圆柱面。

2.圆锥

正圆锥体由圆锥面和底平面围成。圆锥面是由一直母线围绕与它斜交(交于顶点 O)的轴线回转而成,如图 3-21(a)所示。

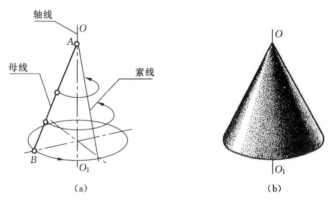

图 3-21　圆锥面的形成与圆锥体

(1)圆锥的三视图

画图 3-21(b)所示圆锥体的三视图步骤如图 3-22 所示。

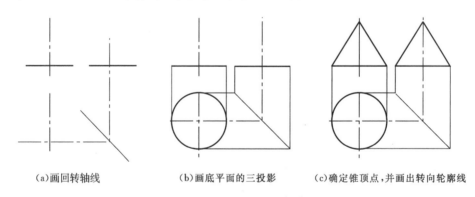

(a)画回转轴线　　　(b)画底平面的三投影　　　(c)确定锥顶点,并画出转向轮廓线

图 3-22　画圆锥体三视图步骤

请读者对照图 3-23 逐一分析清楚下列面和线的三面投影的对应位置:①回转轴线;②上、下两底平面圆;③SA、SB、SC、SD 四条素线(或转向轮廓线);④前半个圆锥面与后半个圆锥面;⑤左半个圆锥面与右半个圆锥面。

(2)圆台的形成及三视图

圆台是由圆锥用一垂直于圆锥轴线的平面切割而成的。圆台与圆锥相比较,多了一个小圆端面。因此,圆台的三视图就是在圆锥三视图的基础上完成这个小圆平面的三视图的,如图 3-24 所示。小圆半径的确定方法亦如图 3-24 所示。

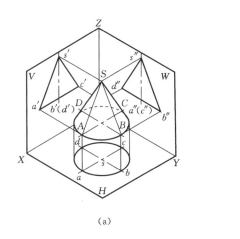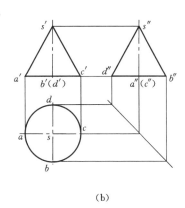

（a）　　　　　　　　　（b）

图 3-23　正圆锥体三视图

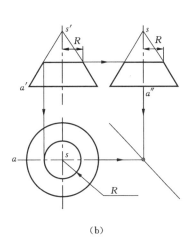

（a）　　　　　　　　　（b）

图 3-24　圆台的形成及三视图

3．圆球

圆球体的表面为圆球面，也简称为球面。球面由一圆母线围绕其某一直径（回转轴线）回转而成，如图 3-25 所示。

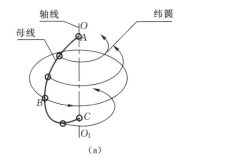

（a）　　　　　　　　　（b）

图 3-25　球面的形成

圆球的三视图如图 3-26 所示。请读者对照图 3-26(a)、图 3-26(b)逐一分析清楚下列面和线的三面投影的对应位置:①三个特殊位置(投影面垂直线)的回转轴线;②球面上的 F 圆、T 圆和 L 圆;③上、下两个半球面;④前、后两个半球面;⑤左、右两个半个球面。

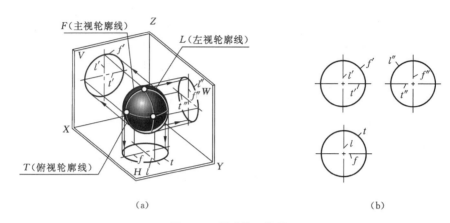

(a)   (b)

图 3-26   圆球的三视图

3.5   计算机绘制三视图的方法

使用计算机绘制三视图主要是能灵活运用对象追踪、极轴、对象捕捉及辅助线等工具,保证三视图之间的"长对正、高平齐、宽相等"的三等关系。在绘图过程中先保证外形的符合投影规律,最后再对细节进行准确的绘制。

【例 3-4】   绘制如图 3-27 所示的正六棱柱的三视图。

作图步骤如下。

(1)调用已经建好的 A3 样板图。

(2)根据零件尺寸布置图形,画作图辅助线和基准线。

在辅助线图层调用"直线"命令 ╱ 绘制绘图辅助线。其中 45°辅助线的画法,是先单击"极轴"右键,设置"极轴追踪增角量"为 45°,打开 极轴 ,画 45°直线而成。

再将中心线图层设置为当前图层,用"直线"命令 ╱ 绘制基准线,如图 3-28 所示。

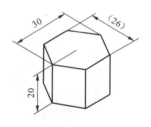

图 3-27   正六棱柱的轴测图

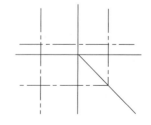

图 3-28   画中心线

(3)画出反映底面真形的图形。

选择粗实线层,选择"绘图"→"正多边形"命令或在命令行输入"playgon"或单击绘图工具栏中"⬡"按钮。数目:6,内接于圆(I)。半径:30,然后在辅助线图层按投影规律确定主视图和左视图的位置,如图 3-29 所示。

(4)利用极轴功能画主视图。

将粗实线图层设置为当前图层,打开状态栏上"**极轴** | **对象捕捉** | **对象追踪**"三项功能,按投影规律,根据正六棱柱的高 20 绘出主视图,画图过程及结果如图 3-30 所示。

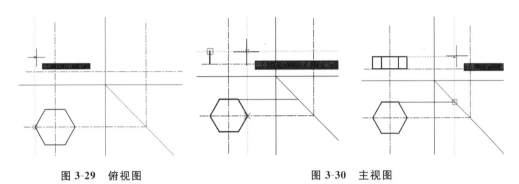

图 3-29　俯视图　　　　　　　　　　　　图 3-30　主视图

(5)画左视图。

借助辅助线及极轴等功能画左视图,结果如图 3-31 所示。

(6)调用"修剪"命令,以及调整中心线的长度等,对图形进行整理,将标注图层设置为当前图层,并进行尺寸的标注,完成全图,如图 3-32 所示。

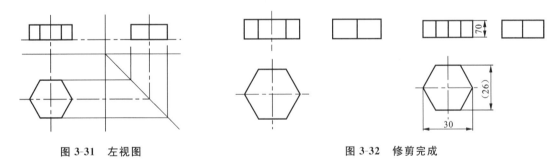

图 3-31　左视图　　　　　　　　　　　　图 3-32　修剪完成

【例 3-5】　绘制如图 3-33 所示的圆柱的三视图。

作图步骤如下。

(1)调用已经建好的 A3 样板图。

(2)根据零件尺寸布置图形、画作图辅助线和基准线,如图 3-34(a)所示。

(3)将粗实线图层设置为当前图层,调用"圆"命令,先绘制俯视图。绘制 ø30 的圆,再在辅助线图层按投影规律确定主视图和左视图的位置,如图 3-34(b)所示。

(4)将粗实线图层设置为当前图层,按投影规律,根据圆柱的高 20 画出主视图和左视图,如图 3-34(c)所示。

(5)调用"修剪"命令,以及调整中心线的长度等,对图形进行整

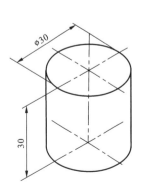

图 3-33　圆柱的轴测图

理,将标注图层设置为当前图层,并进行尺寸的标注,完成全图,如图 3-34(d)所示。

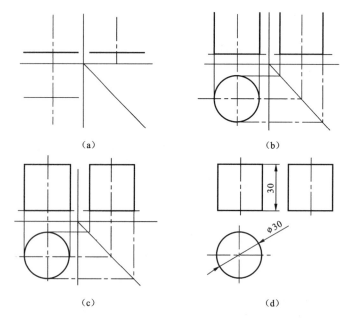

(a) (b) (c) (d)

图 3-34　圆柱三视图的绘图步骤

第4章 识读截断体与相贯体的三视图

实际的机器零件不可能都是一个完整的基本立体,而往往是基本体被一个或多个平面截切,如图 4-1(a) 所示;或是两立体相交形成的整体,如图 4-1(b) 所示。这两种立体分别称为截断体和相贯体。

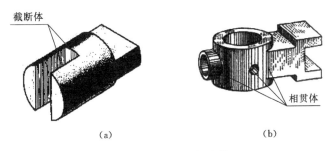

（a） （b）

图 4-1　截断体和相贯体

4.1　截断体

如图 4-2 所示,基本体被平面 P 截切后形成不完整的形体称为截断体;截切立体的平面 P 称为截平面;截平面与立体表面产生的交线称为截交线;由截交线所围成的平面图形称为截断面。

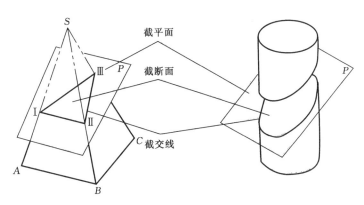

图 4-2　平面截切基本体

截断体中未被截切的部分仍按原三视图的投影方法形成,而求截断面就是找截交线。通过掌握截交线的画法,以画促读。

1. 截交线的基本性质

(1)截交线既在截平面上,又在立体表面上,因此截交线是截平面与立体表面的共有线,截交线上的点也都是它们的公共点。求作截交线就是求截平面与立体表面的共有点和共有线。

(2)截交线是一个封闭的平面图形。

2. 求截交线的方法与步骤

(1)分析被截立体的形状、截断面的形状及空间位置。
(2)画基本体的视图。
(3)画截断面有积聚性的投影。
(4)求出截断面与立体表面的一系列共有点,依次连接成截交线。

一、平面截切平面立体

平面与平面立体相交,其截交线是由直线围成的平面多边形,多边形的边是截平面与平面立体表面的交线,多边形的顶点是截平面与平面立体棱线的交点。因此,求平面立体的截交线可归结为求截平面与立体表面的交线或求截平面与立体上棱线的交点。

【例 4-1】 求三棱柱被平面 P 截切后的三视图(见图 4-3)。

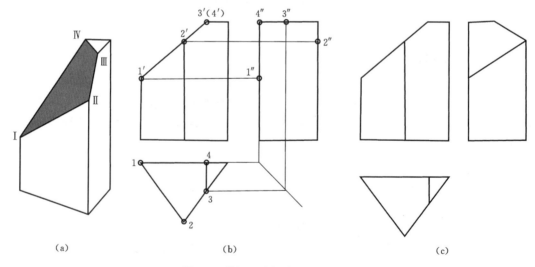

图 4-3 截切三棱柱的三视图画法

解 (1)分析截切体与截面的投影特性。

三棱柱被正垂面截切后形成的截面为四边形。四边形的四个顶点为Ⅰ、Ⅱ、Ⅲ、Ⅳ,如图4-3所示。截面在正面的投影积聚为斜线,在水平和侧面的投影均为类似形(四边形)。

(2)画基本体的三视图。

用细实线画出三棱柱的三视图。

（3）画截断面有积聚性的投影。

主视图上一斜线。确定截断面与棱线的交点：$1'$、$2'$、$3'$、$4'$，如图 4-3(b) 所示。

（4）求出这四点在水平面和侧面所对应的投影 1、2、3、4 和 $1''$、$2''$、$3''$、$4''$，依次连接各点的同面投影，即得截交线的水平投影和侧面投影。

（5）擦去截除部分的投影，加深图线。

【例 4-2】 求正四棱锥被正垂面 P 截切后的水平投影和侧面投影（见图 4-4）。

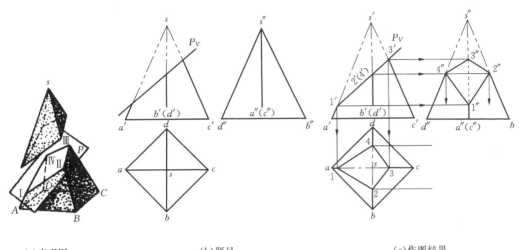

(a)直观图　　　　　(b)题目　　　　　(c)作图结果

图 4-4　平面截切四棱锥后截交线画法

解 （1）分析截切体与截面的投影特性。

由图中可知截平面 P 与四棱锥的四个棱面相交，截交线为四边形，它的四个顶点为截平面与四条棱线的交点。

（2）画基本体的三视图。

用细实线画出四棱锥的三视图。

（3）画截断面有积聚性的投影。

平面 P 为正垂面，$1'3'$ 直线段为截交线的正面投影。利用其正面投影具有积聚性的特点。可直接得到各棱线与平面 P 交点的正面投影 $1'$、$2'$、$3'$、$4'$。

（4）分别求出截交线各顶点的水平投影 1、2、3、4 和侧面投影 $1''$、$2''$、$3''$、$4''$，依次连接各点的同面投影，即得截交线的水平投影和侧面投影。由于棱线ⅢC 的侧面投影不可见，所以 $3''1''$ 之间画成虚线。

（5）擦去截除部分的投影，加深图线。

【例 4-3】 求四棱柱被平面 P 与 Q 截切后的俯视图（见图 4-5）。

解 （1）分析截切体与截面的投影特性。

四棱柱被正垂面 P 截切后形成的截面为四边形。四边形的四个顶点为Ⅰ、Ⅱ、Ⅲ、Ⅳ，如图 4-5 所示。截面在正面的投影积聚为斜线，在水平和侧面的投影均为类似形（四边形）。

四棱柱被侧垂面 Q 截切后形成的截面为五边形，五边形的五个顶点为Ⅲ、Ⅳ、Ⅴ、Ⅵ、Ⅶ，如图 4-5 所示。截面在侧面的投影积聚为斜线，在水平和正面的投影均为类似形（五边形）。

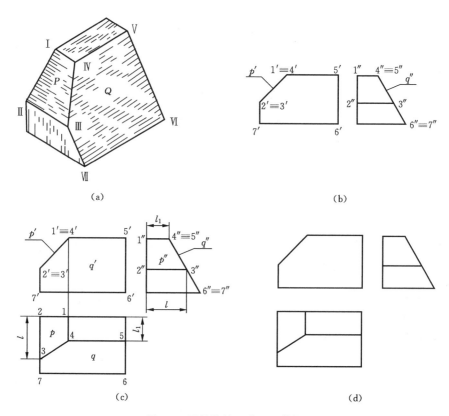

图 4-5 四棱柱被两个平面截切

(2)画基本体的三视图。

用细实线画出四棱柱的三视图。

(3)画截断面有积聚性的投影。

平面 P 在主视图上是一斜线,平面 Q 在左视图上是一斜线。

(4)分别按"三等"关系求出截交线各顶点的投影,依次连接各点的同面投影,即得截交线各投影。

(5)擦去截除部分的投影,加深图线。

二、平面截切回转体

1. 平面截切圆柱体

平面与圆柱相交,截交线一般是由曲线或曲线与直线围成的封闭的平面图形。

当截交线的投影为非圆曲线时,可以利用表面取点的方法,求出截交线上一系列点的投影,再连成光滑的曲线。平面截切圆柱时,根据平面与圆柱轴线的相对位置不同,有如表4-1所示的三种基本形式。

表 4-1　圆柱表面截交线的三种形式

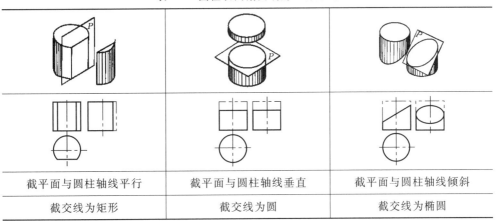

截平面与圆柱轴线平行	截平面与圆柱轴线垂直	截平面与圆柱轴线倾斜
截交线为矩形	截交线为圆	截交线为椭圆

(1)截平面(表中为正平面)平行于圆柱轴线,截平面与圆柱面的交线为平行于圆柱轴线的两条平行线,与圆柱的截交线为矩形。由于截平面为正平面,所以截交线的正面投影反映实形;水平投影和侧面投影分别积聚成直线段。

(2)截平面(表中为水平面)垂直于圆柱轴线,截交线为圆,其水平投影与圆柱面的水平投影重合,正面投影和侧面投影分别积聚成直线段。

(3)截平面(表中为正垂面)倾斜于圆柱轴线,截交线为椭圆,其正面投影为直线,水平投影与圆柱面的水平投影重合,侧面投影一般仍为椭圆。

下面举例说明圆柱的截交线投影的作图方法。

【例 4-4】　如图 4-6 所示,已知圆柱体被截切后的主视图和俯视图,求作左视图。

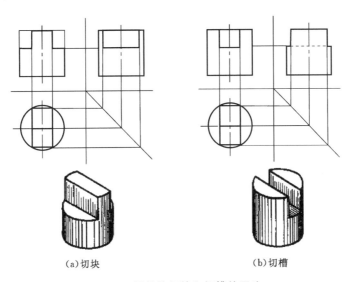

(a)切块　　　　　　　　　　　(b)切槽

图 4-6　圆柱体切块和切槽的画法

解　(1)分析截切体与截面的投影特性。

截平面(图中为侧平面)平行于圆柱轴线,截平面与圆柱面的交线为平行于圆柱轴线的两条平行线,与圆柱的截交线为矩形。其正面投影是直线段并与截平面重合,其水平投影是直线,据投影规律可由截交线的两面投影求得侧面投影。

（2）画基本体的三视图。

用细实线画出圆柱的三视图。

（3）画截断面有积聚性的投影。

在主、俯视图中找出截平面为积聚性的投影。

（4）作图。

根据不同位置截平面的投影特性，按"三等"的关系画出其他视图里的截交线投影，注意分析与判断它们是否可见，最后按规定的线型整理和描粗有关图线即成。但要注意圆柱体切块和切槽的三个视图间是有异同的。其异同点如下：

①俯视图两者无区别；

②主视图的特征差异比较显著，切块后为凸形，切槽后为凹形；

③左视图则要作分析比较。

对于切块，前后两轮廓素线均未被截切，则外形是完整的，切块形成的矩形可见。矩形的高、宽分别按主、俯视图对位确定。对于切槽，前后两轮廓素线已被截切，外形已不完整，切剩下来的净宽由俯视图对应确定，槽底位置由主视图确定。虽然槽底是一个水平面，左视图里应积聚投影成线，然而，该线分成三个部分，两端可见为粗实线，中段被未截切的圆柱面所遮，所以应画成虚线。

2. 平面截切圆锥体

根据截平面与圆锥轴线的相对位置不同，圆锥截交线有五种不同的形状，如表 4-2 所示。

表 4-2　圆锥的截交线

截平面位置	立 体 图	投 影 图	截交线形状
截平面垂直圆锥轴线		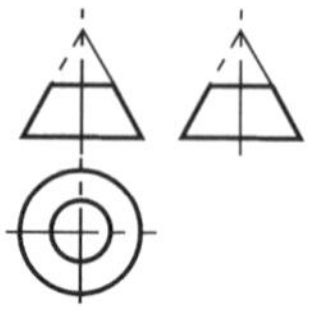	圆
截平面通过圆锥顶点		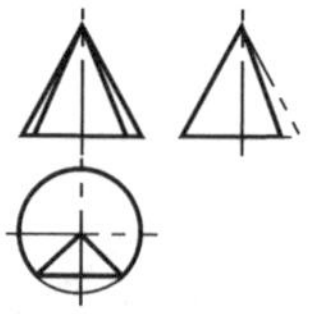	相交二直线
截平面和轴线相交 $\alpha = \theta$		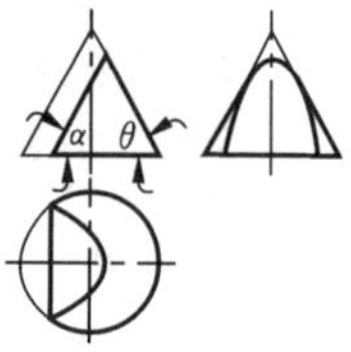	抛物线
截平面和轴线平行或相交 $\alpha > \theta$	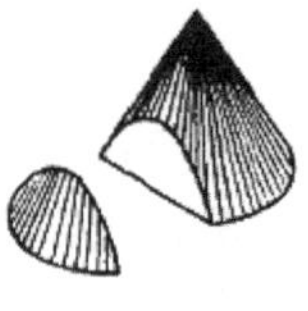	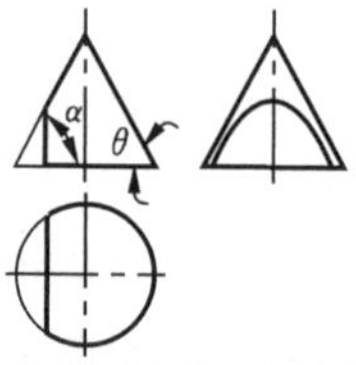	双曲线

3. 平面截切圆球

球被任何位置平面截切,其截交线都是圆。当截平面平行于某一投影面时,截交线在该投影面上的投影为圆的实形,在其他两投影面上的投影积聚为直线(见图 4-7(a));当截平面处于其他位置时,则截交线在三个投影中必有椭圆(见图 4-7(b))。

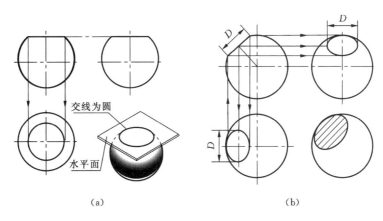

(a)   (b)

图 4-7　平面截切球

【例 4-5】　已知被正平面、水平面和侧平面所截切球体的正面投影(见图 4-8(a)),求其水平投影和侧面投影。

解　分析:由图可以看出,三个截平面分别为正平面、水平面和侧平面,将各个平面可分别用 P、R、Q 表示,其立体图见图 4-8(b)。

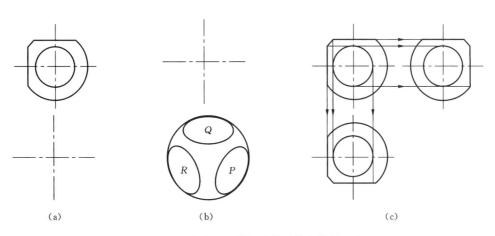

(a)   (b)   (c)

图 4-8　三个截平面截切球体后截交线的画法

作图:P 平面与球面截交线的正面投影为反映实形的圆,水平投影和侧面投影分别积聚为水平和铅垂方向的直线段;Q 平面与球面截交线的正面投影为水平方向的直线段,水平投影为反映实形的圆,侧面投影为水平方向的直线段;R 平面与球面截交线的正面投影为铅垂方向的直线段,水平投影为沿垂方向的直线段,侧面投影为反映实形的圆,如图 4-8(c)所示。

【例 4-6】 绘制图 4-9 所示半圆头螺钉头部的投影。

(a)　　　　　　　　　　　　　(b)

图 4-9　螺钉头部

解　分析:该螺钉头部是一个半圆球被两个侧平面和一个水平面截切出一长方形槽,各平面与球面的截交线均为圆弧。

因各截平面的正面投影分别积聚为一段直线,则各段截交线圆弧的正面投影分别与直线重合;两个侧平面截得的圆弧的侧面投影反映实形,其水平投影积聚成一直线段;而水平面截得两段圆弧的水平投影反映实形,侧面投影积聚为直线。

作图过程如图 4-10 所示。作图时为求出圆弧的半径,可假想将截平面扩大,画出平面与整个球面的交线圆,然后留取实际存在的部分圆弧。

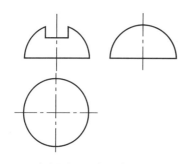

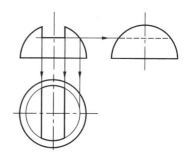

(a)画半球的投影及截交线的正面投影　　　　　(b)画水平面将半球整体截切后的截交线

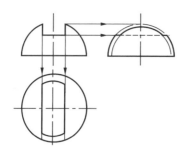

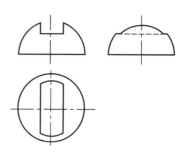

(c)画侧平面截切半球的截交线侧面投影和水平投影　　　(d)画截平面间的交线结果

图 4-10　螺钉头部作图过程

4.2 相贯体

一、相贯体及其性质

两立体相交构成的形体称为相贯体,其表面所产生的交线称为相贯线,如图 4-11 所示。

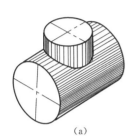 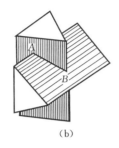 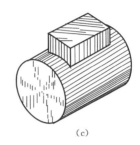

（a） （b） （c）

图 4-11 相贯体

相贯线有以下性质。

(1)相贯线是两立体表面的共有线,也是两立体表面的分界线。

(2)一般情况下,相贯线是封闭的空间曲线,在特殊情况下成为平面曲线或直线。相贯线的形状,由两相交立体的表面形状、大小及相对位置决定。

本节重点讨论曲面立体与曲面立体相交和平面立体与曲面立体相交。

二、曲面立体与曲面立体相交

【例 4-7】 求作如图 4-12 所示正交两不等径圆柱的相贯线。

解 分析:由图 4-12 可以看出,大圆柱轴线垂直于侧面,小圆柱轴线垂直于水平面,两圆柱轴线垂直相交。因为相贯线是两圆柱面上的共有线,所以其水平投影积聚在小圆柱的水平投影的圆周上,而侧面投影积聚在大圆柱侧面投影的圆周上(在小圆柱外形轮廓线之间的一段圆弧),需要求的是相贯线的正面投影。因相贯线前、后对称,所以相贯线前、后部分的正面投影重合,是一条非圆曲线。

为使作图简便,保持图面清晰,在对作图的准确程度没有特殊要求的情况下,可以将这种相贯线按规定的简化画法画出。

作图:将图 4-12 主视图中的非圆曲线简化成一段圆弧。其圆心位于其中较小直径圆柱体的轴线上;半径等于其中较大直径圆柱体的半径;圆弧凹入较大直径的圆柱面内,如图 4-13所示。采用简化画法画出的相贯线,各特殊位置点的投影仍符合"三等"关系。

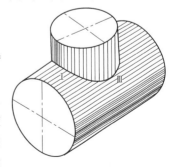

图 4-12 圆柱相贯

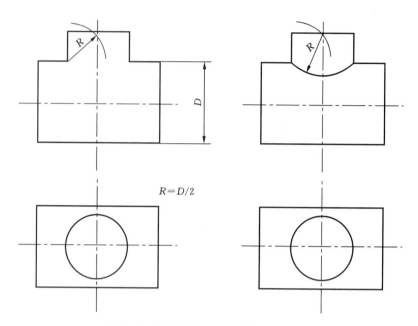

$R=D/2$

图 4-13　两圆柱正交时交线的近似画法

下面对圆柱与圆柱相贯讨论以下问题。

1)相贯线的产生

两圆柱垂直正交时交线产生的三种情况如图 4-14 所示,其中,图(a)是两圆柱外表面相交;图(b)是外圆柱面与内圆柱面相交,即从实心圆柱体上挖去一个圆柱孔;图(c)是两内表面相交。比较上面的情况可以看出,不管是实体圆柱的外表面,还是空心圆柱的内表面,只要相交,实质上都是圆柱面相交,其相贯线的求法都是相同的。

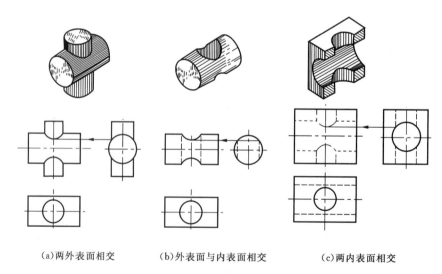

(a)两外表面相交　　　(b)外表面与内表面相交　　　(c)两内表面相交

图 4-14　两圆柱垂直正交时交线产生的三种情况

2)相贯线的弯曲趋势与变化规律

两圆柱正交相贯线的弯曲趋势及变化规律如图 4-15 所示。

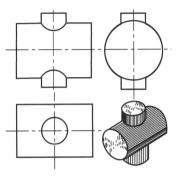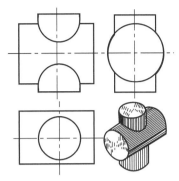

(a)水平方向圆柱直径大于铅垂方向圆柱直径，
且两圆柱直径之差较大时，相贯线向大圆柱
轴线弯曲

(b)水平方向圆柱直径仍大于铅垂方向圆柱直径，
但两圆柱直径之差变小时，相贯线越弯近大圆
柱轴线

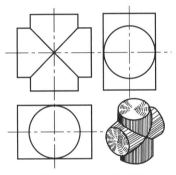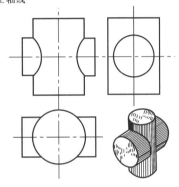

(c)两圆柱直径相等时，相贯线为两个
椭圆，其正面投影为相交两直线

(d)水平方向圆柱直径小于铅垂方向圆柱直
径时，相贯线向大圆柱轴线弯曲

图 4-15　两圆柱正交相贯线的弯曲趋势及变化规律

3）相贯线的形式及变化规律

两穿孔圆柱正交相贯线的形式及变化规律如表 4-3 所示。

表 4-3　两穿孔圆柱正交相贯线的形式及变化规律

形　式	轴上圆柱孔	不等径圆柱孔	等径圆柱孔
投影图			
相贯线投影形状	曲线向着圆柱轴线弯曲	曲线向着大孔轴线弯曲	过两轴线交相交直线

三、平面立体与曲面立体相交

平面立体与曲面立体相交，其交线由若干直线段和曲线组成，每一段为平面立体上的表面与曲面立体的表面相交的交线。

【例 4-8】 如图 4-16 所示,四棱柱与圆柱体相交,已知俯视图、左视图,完成主视图。

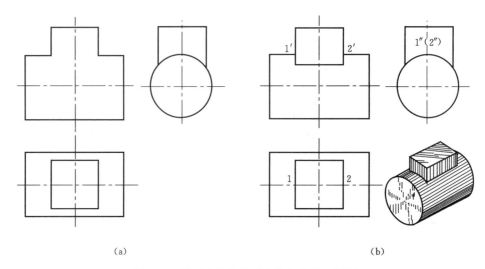

（a）　　　　　　　　　　　　　　（b）

图 4-16　平面立体与曲面立体相交的三视图

解　分析:相贯线由四棱柱面和圆柱面的交线组成,其中前后两个面与圆柱体轴线平行,交线为直线段,左右两个面与圆柱体轴线垂直,交线为两段圆弧。

画法:四棱柱的前后两个面形状为矩形,在主视图上投影反映实形,矩形的长从俯视图上长对正,矩形的高从左视图上高平齐。左右两个面在主视图上积聚为直线段,按投影规律求得。

四、相贯线的特殊情况

两回转体相交其相贯线一般为空间曲线。但在特殊情况下,也可能是平面曲线或直线。

(1)当两个回转体具有公共轴线时,其相贯线为圆。如图 4-17 所示,该圆的正面投影为一直线,水平投影为圆的实形。

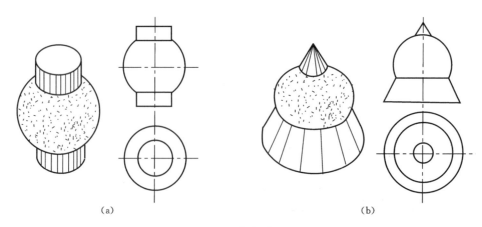

（a）　　　　　　　　　　　　　　（b）

图 4-17　相贯线为圆

（2）当两圆柱轴线平行或圆锥共顶相交时、相贯线为直线，如图 4-18 所示，画相贯线时如遇到上述这些特殊情况，可直接画出。

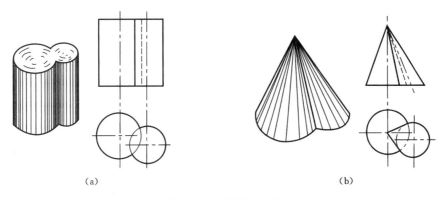

（a）　　　　　　　　　　　　　　（b）

图 4-18　相贯线为直线

第5章　绘制轴测图的方法

工程上和教学中有时还需借助于一些直观图来表达物体形状,直观图分轴测投影图(简称轴测图)和透视图两大类。本章介绍轴测图的相关知识。

5.1　轴测图的基本知识

用轴测投影图来表达物体,直观性好,缺乏读图基础的人也能看懂。可是轴测图不易反映物体各表面的实形,因而度量性差,同时作图比较复杂。图 5-1 所示为二维视图和轴测视图的关系。

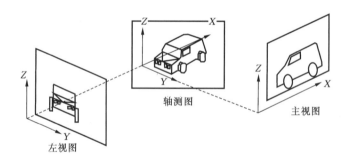

图 5-1　二维视图和轴测视图的关系

一、轴测图的四个基本概念

1.轴测图

如图 5-2 所示,将物体连同确定其空间位置的三投影面坐标体系,沿不平行于任一投影面的方向,用平行投影法向 P 平面投影所得的投影图,称为轴测图。它可以同时反映出物体的长、宽、高三个方向的表面形状,因而具有立体感。

2.轴测轴

轴测轴指三投影面体系中的三投影轴(又称坐标轴)OX、OY、OZ 的轴测投影,分别记为 O_1X_1、O_1Y_1、O_1Z_1。

3.轴间角

轴间角指两轴测轴之间的夹角,即 $\angle X_1O_1Y_1$、$\angle X_1O_1Z_1$、$\angle Y_1O_1Z_1$。

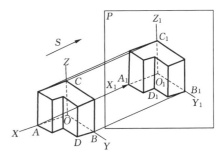

图 5-2　轴测图的形成

4.轴向伸缩系数

轴向伸缩系数指轴测轴上的线段与投影轴上的对应线段的长度之比。分别记为 $p_1=\dfrac{O_1A_1}{OA}$、$q_1=\dfrac{O_1B_1}{OB}$、$r_1=\dfrac{O_1C_1}{OC}$,简化伸缩系数可对应地用 p、q 和 r 表示。

二、轴测图的两个基本性质

轴测图的两个基本性质如下。

(1)物体上平行于某投影轴的线段,其轴测投影平行于相应的轴测轴。

如图 5-2 中线段 $DB/\!/OX$,则有线段 $D_1B_1/\!/O_1X_1$。再如,图 5-3(a)中带一杠的线段应平行于图 5-3(d)中的 O_1Y_1,图 5-3(b)中带两杠的线段应平行于图 5-3(d)中的 O_1X_1,图 5-3(c)中带三杠的线段应平行于图 5-3(d)中的 O_1Z_1。

(2)物体上相互平行的线段,其轴测投影仍然相互平行。如图 5-3(e)中 $AB/\!/CD$。

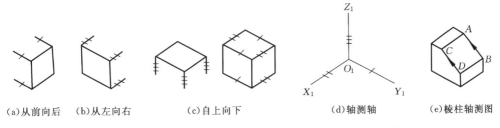

(a)从前向后　　(b)从左向右　　　(c)自上向下　　　　(d)轴测轴　　　(e)棱柱轴测图

图 5-3　轴测图的基本性质及长方体轴测图的三种生成方式

由轴测投影的形成和两个基本性质可知:物体上各平面的轴测投影一般为类似形,矩形投影为平行四边形(如图 5-3(e)所示),圆投影为椭圆。在特殊情况下,平面的投影也可以具有真实性。

常用的轴测图有正等轴测图(简称正等测图)和斜二测轴测图(简称斜二测图)。

5.2　正等测图的画法

轴测图中,应用粗实线画出物体的可见轮廓,必要时,可用虚线画出物体的不可见轮廓(一般不画出虚线)。为了减少不必要的作图线,作轴测图时应尽可能分清立体表面层次和位置,按照从前向后,从左向右,从上向下的顺序,如图 5-3(a)～(c)所示,依次作出物体上各表面的轴测投影。作图时,必须注意沿平行于各轴测轴方向度量尺寸,并乘以各方向所对应的轴向伸缩系数。

一、正等测图的有关规定

正等测图的有关规定如下。

(1)由正投影法得正等测图。

(2)轴间角: $\angle X_1O_1Y_1 = \angle X_1O_1Z_1 = \angle Z_1O_1Y_1 = 120°$。作图时,必须使 O_1Z_1 轴处于铅垂位置,则 O_1X_1、O_1Y_1 轴分别与水平线成 $30°$ 角,如图 5-4 所示。

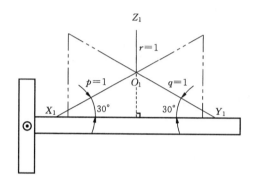

图 5-4　正等测图轴测轴的画法

(3)轴向伸缩系数: $p_1 = q_1 = r_1 = 0.82$,但为了作图方便,常采用简化系数,即 $p = q = r = 1$。

采用正投影且三个轴向伸缩系数相等,故称为正等测图。

二、平面立体正等测图作图实例

【例 5-1】　如图 5-5(a)所示,试根据五棱柱主、俯视图,画出五棱柱的正等测图。

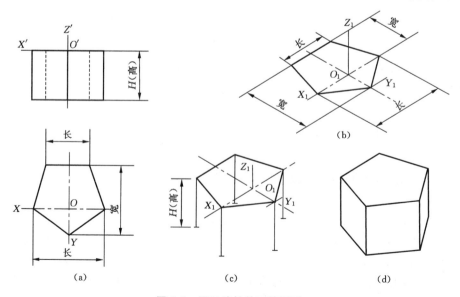

图 5-5　画五棱柱的正等测图

解 作图步骤如下。

(1)在视图中选定原点 O 和坐标轴 OX、OY、OZ。

(2)画出轴测轴,作出上顶面的五个顶点的正等测图,如图 5-5(b)所示,注意视图中尺寸的度量方向与轴测图中尺寸度量方向的转换。

(3)过上述五个顶点向下作平行于 O_1Z_1 轴的直线,并量取同一高度尺寸 H,得到下底面对应五个顶点,此步骤称为"点的坐标平移"。

(4)对应连接各可见线段,擦去多余作图底线,描深,完成全图。

三、圆平面及回转体正等测图

1. 平面圆的正等测图

回转体的正等测图涉及平面圆的正等测图。物体上分别平行于三个投影面圆的正等测投影都是椭圆,如图 5-6 所示。这三个椭圆除了长短轴的方向不同外,画法是一样的。

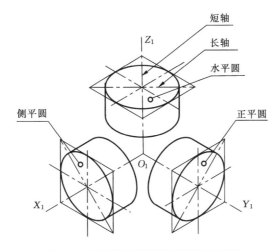

图 5-6 平行于坐标面平面圆的正等测

作图时,首先要分析并明确求作的圆所平行的投影面,以及圆的两条中心定位线所平行(或重合)的投影轴,然后作圆的两条十字中心线的轴测投影,使其平行于相应的轴测轴,椭圆的短轴平行于"十字"中心线以外的另一轴测轴。该椭圆可以用"菱形法"画出,菱形的两组对边分别平行于相应的轴测轴,菱形即为圆的外切正方形的轴测投影,如图 5-7(a)、(b)所示,菱形的对角线即是椭圆的长短轴。该椭圆由四段圆弧光滑连接而成,四段圆弧的圆心分别在椭圆的长、短轴上,这种椭圆的画法也称为"四心圆弧近似画法"。

【例 5-2】 如图 5-7(a)、(b)所示,水平面圆的正等测图是一椭圆。该椭圆的画法如图(c)、(d)、(e)所示。

解 (1)在视图中选定原点 O 和坐标轴 OX、OY、OZ,如图 5-7(b)所示。作圆的外切正方形 $ABCD$。

(2)作圆的两条中心线及外切正方形的轴测投影,连线 $A\text{I}$、$A\text{II}$、$B\text{III}$、$B\text{IV}$,D 定圆心 A、B、V、VI 点,如图 5-7(c)所示。

(3)分别以 A、B 点为圆心,$B\text{III}=A\text{I}=R$ 为半径画大圆弧,如图 5-7(d)所示。

(4)分别以 $\text{VI}=\text{IV II}=r$ 为半径画小圆弧,完成椭圆,如图 5-7(e)所示。

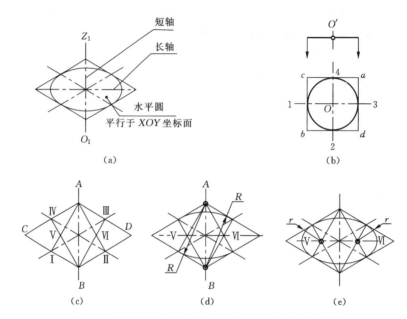

图 5-7 水平圆的正等测图——用四心近似圆弧画椭圆

2.圆柱的正等测图

【例 5-3】 根据圆柱体的主、俯视图,作出它的正等测图。

解 作图步骤如图 5-8 所示。

(1)在视图中选定原点 O 和坐标轴 OX、OY、OZ。

(2)画出轴测轴,按 h 值确定上、下底圆的中心,按圆柱的半径分别画出上、下底的菱形,如图 5-8(b)所示。

(3)在菱形内画出椭圆,如图 5-8(c)所示。上、下底两椭圆相同,下底椭圆也可用"坐标平移法"将四个近似圆弧的圆心及四个连接切点向下(沿平行于 O_1Z_1 方向)作坐标平移。

(4)作出上、下两椭圆的公切线(即回转面的外廓轴测投影)。

(5)擦去多余作图底线,描深,完成全图,如图 5-8(d)所示。

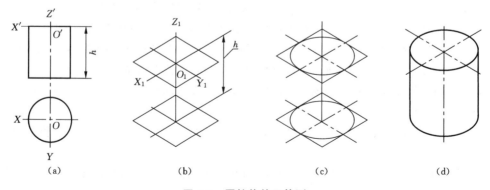

图 5-8 圆柱体的正等测

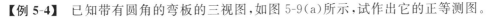

【例 5-4】 已知带有圆角的弯板的三视图,如图 5-9(a)所示,试作出它的正等测图。

解 作图步骤如下。

(1)在视图中选定原点 Z 和坐标轴 OX、OY、O(见图 5-9 (a)、(b));画出相应的轴测轴;勾画出弯板的外形轮廓的正等测,并作出右竖板上圆孔轴线的定位线,该孔是侧平圆,其正等测投影椭圆短轴平行于 O_1X_1。

(2)用菱形法画出右竖板左端面上的椭圆,再判断竖板右端面上的圆是否可见(即是否需要画出该圆)。判断方法是:当左端面椭圆短轴直径的长度大于竖板厚度 L 时,则右端面椭圆就会露出一段弧,即需画出这一部分椭圆;反之,不可见则无需画出。现右椭圆判断为可见,则用"移心法"画出右端椭圆(弧)。

(3)画平板的两个圆角。图 5-9(d)所示平板圆角就是 1/4 圆柱面,图 5-9(d)示出了平板顶面前后两个圆角的正等测画法,它实际上仍是菱形法——钝角夹大弧、锐角夹小弧。再用"移心法"画出底面的两个圆角,将顶角的圆心向下平移同一段距离 H,作出锐角处上、下两小圆弧的外公切线,如图 5-9(e)所示。

(4)擦去多余图线,描深,完成全图,如图 5-9(f)所示。

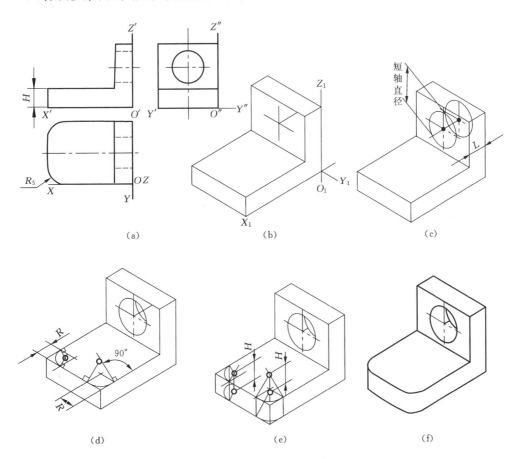

图 5-9 画弯板及其圆角的正等测图

5.3 斜二测图的画法

一、斜二测图的有关规定

斜二测图的有关规定如下。

(1)轴间角:$\angle X_1 O_1 Z_1 = 90°$,$\angle X_1 O_1 Y_1 = \angle Y_1 O_1 Z_1 = 135°$。作图时,必须使 $O_1 Z_1$ 处于垂直位置,则 $O_1 X_1$ 处于水平位置,$O_1 Y_1$ 轴与水平线成 $45°$ 角,如图 5-10 所示。

(2)轴向伸缩系数:$p_1 = r_1 = 1$,$q_1 = \dfrac{O_1 Y_1}{OY} = 0.5$。

采用斜投影,且有两个轴向伸缩系数相等,故称为斜二测图。

二、平面圆的斜二测图

物体上平行于三投影面的圆的斜二测图如图 5-11 所示,其中处于正平面的圆(即正平圆)的斜二测投影仍是圆(真形),水平圆和侧平圆的斜二测则是椭圆(类似形)。

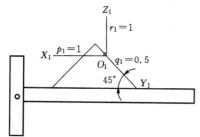

图 5-10 斜二测图轴测轴的画法

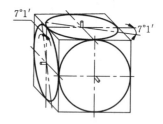

图 5-11 平面圆的斜二测图

三、物体的斜二测图画法实例

斜二测的画法与正等测的画法类似,只是轴测轴的方向位置和轴向伸缩系数有所不同。物体上处于正平面的各个表面在斜二测图中形状不变(实形性),因此,当物体某一方向表面形状较复杂时,可将该方向表面放置成为正平面,这样作图最为简便。另外 $q_1 = 0.5$,意即在作斜二测图时,凡平行于 Y 向的宽度尺寸必须乘以伸缩系数 0.5 后取其值。

【例 5-5】 已知圆筒的主、俯视图,如图 5-12(a)所示,试画出它的斜二测图。

解 作图步骤如下。

(1)选定原点 O 和坐标轴 OX、OY、OZ,如图 5-12 (a)、(b)所示,此圆筒前后共有 O、A、B 三处圆心。

(2)画轴测轴 $O_1 X_1$、$O_1 Y_1$、$O_1 Z_1$,如图 5-12 (b)所示,并在 $O_1 Y_1$ 轴上确定另二圆心位置 A_1、B_1。

(3)如图 5-12(c)所示,从前向后按以下顺序作图:以 O_1 为圆心,作最前端面 ø6、ø12 两同心圆;以 A_1 为圆心,作 ø12、ø30 两同心圆;以 B_1 为圆心作 ø30 圆;画出 ø12、ø30 两外圆柱面的公切线;最后在 ø30 圆柱上方高尺寸 12 处确定并画出截切平面。

(4)擦去多余作图线,描深,完成斜二测图,如图 5-12 (d)所示。

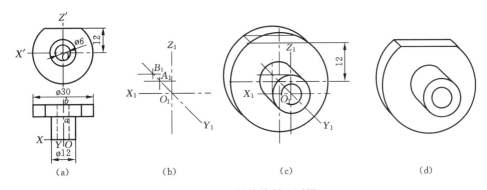

图 5-12   画圆筒的斜二测图

【例 5-6】   作出图 5-13(a)所示物体的斜二测图。

解   作图步骤如下。

(1)在视图中选定坐标轴 OX、OY、OZ 和原点 O,如图 5-13(a)所示。

(2)画轴测轴,画出底板长方体的斜二测投影。因为 $q_1 = 0.5$,宽度方向尺寸应乘以此系数。

(3)完成底板的前斜角(注意 X、Y 方向的尺寸定位),如图 5-13(b)所示。

(4)画后立板长方体,如图 5-13(c)所示。

(5)完成后立板上的切槽,如图 5-13(d)所示。

(6)擦去多余图线,描深,完成全图,如图 5-13(e)所示。

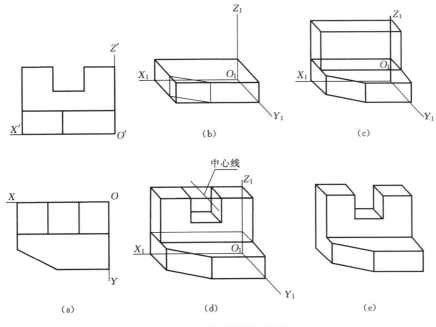

图 5-13   画物体的斜二测图

第6章 组合体的三视图

由若干基本几何体按一定形式组合而成的物体称为组合体。

6.1 组合体形体分析

一、形体分析法

形体分析法就是指把组合体假想分解成若干个基本形体,确定这些基本形体间的组合形式及相邻表面的连接关系的方法。换句话说,形体分析法就是对组合体实行"化整为零、化繁为简"的一种分析处理。掌握形体分析法,对提高画图和识图能力具有十分重要的意义。

组合体的组合形式有叠加和切割两种基本形式。

如图 6-1(a)所示为支座,根据它的结构特点,可假想将它分解为图 6-1(b)所示的三个基本形体。这三个基本体之间的叠加关系比较简单明了,支承板 2 和底板 1 的后表面平齐。

形体间"叠加"关系,可理解为拼合、粘合或堆砌的造型方式,但实际金属零件大多是通过铸造或锻压、切削方式成形的。由上述加工工艺成形的零件,各组成形体间的金属材料组织内是连(融)为一体的,想象中形体之间整齐的叠加界面,实际是不存在的。"切割"这种组合(造型)方式是真实的——即切削加工。如图 6-2 所示组合体可看成是由长方体切去Ⅰ、Ⅱ、Ⅲ、Ⅳ形体后形成。

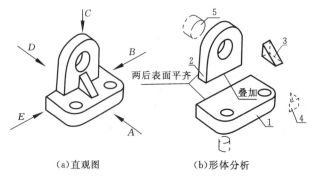

(a)直观图　　　　(b)形体分析

图 6-1　支座的形体分析和组合形式

1—底板;2—支承板;3—肋板;4—切割圆角;5—切割圆柱体

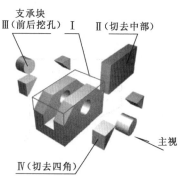

图 6-2　切割体形体分析

二、形体叠加时表面连接关系与画法

当组合体的形体间以叠加为组合方式时,形体间相邻两表面之间的连接关系可分为平齐与不平齐两类。表面不平齐关系中又包括两面错开、相交和相切三种情况。表 6-1 简要列出了上述各类连接形式及画法。

表 6-1　形体间表面连接形式及画法

表面关系		图　　例	说　　明
平齐共面	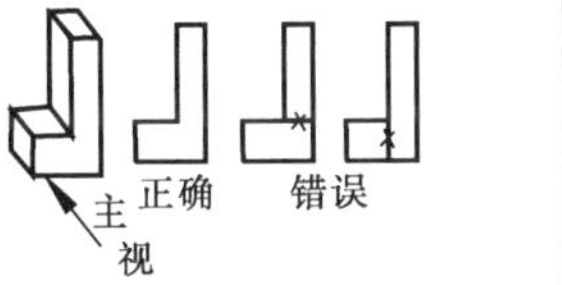	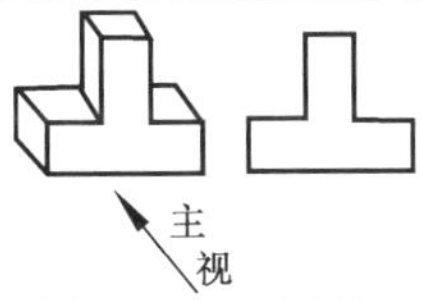	相邻两面平齐时,中间没有线,也不能画线
不平齐	两面错开	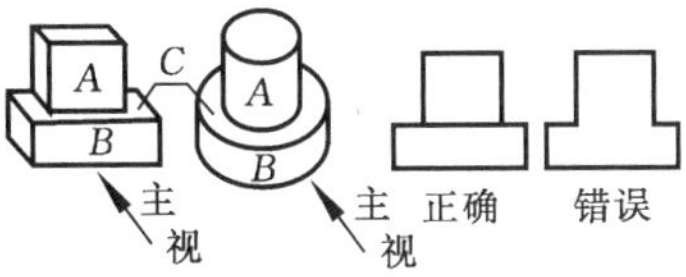	A、B 两表面错开,中间有一 C 平面存在。应画出完整 C 面的积聚性投影
	相交		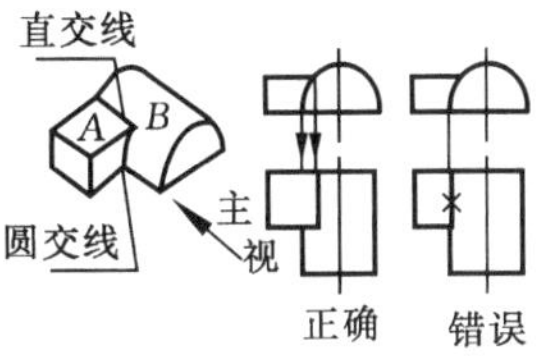 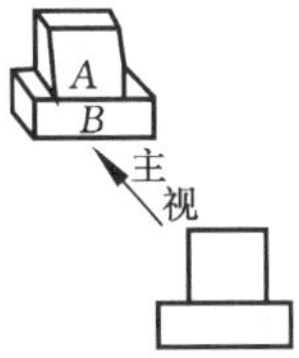 A、B 面相交,应正确画出交线(即相贯线)的投影
	相切		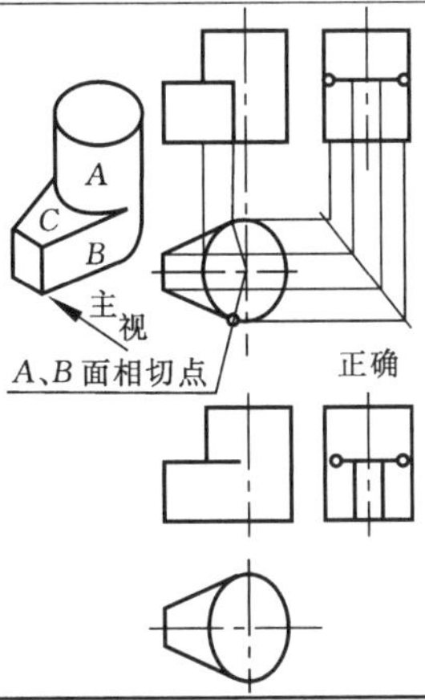 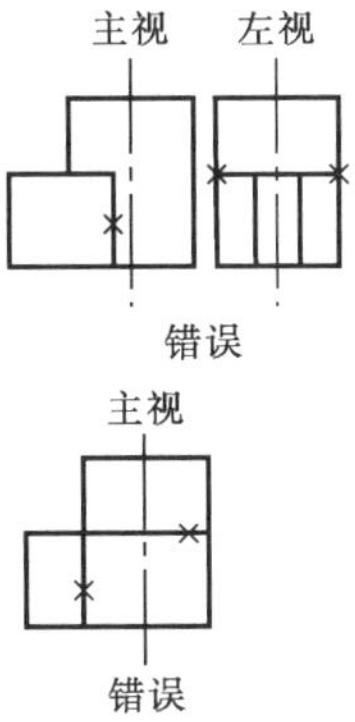 A、B 面相切,没有也不应画出切线;C 面的正面投影应画至 A、B 面相切点处止

6.2　画组合体视图

画组合体的三视图,应按一定的方法和步骤进行。

【例 6-1】　画出图 6-1 所示组合体支座的三视图。

解　(1)形体分析。

先分析组合体的组成、组合形式及表面之间连接关系(见图 6-1(b)),再分析组合体是否具有对称性,该支座在图示位置时左右对称。对于该组合体的总体形状特征,每一部分的形状特征也要有明确的认识。

(2)选择主视图。

为了便于画图和看图,绘图者应选择恰当的主视投影方向。主视图的选择实际涉及两个互相关联的选择问题。一个是投影方向的选择,另一个是组合体摆放位置的选择。

一般主视图的选择应注意遵循两个原则。

一是能最充分地展示出该物体的形状特征或位置特征,二是要考虑使组合体处于自然稳定的放正位置,使组合体上各主要平面和轴线与投影面平行或垂直,并使三个视图中的虚线都尽可能地少。支座的安放位置,如图 6-1 (a)所示,并以 A 向或 B 向作为主视图的投影方向为宜(本例选择 A 向)。很显然,若选 C 向为主视图的投影方向,则主视图不能很好地反映组合体的形状特征;若以 D 向为主视投影方向,则视图中会出现一些不清晰的虚线,所以 C 向、D 向或 E 向选为主视投影方向都是不好的。

(3)选比例,定图幅。

主视图确定后,根据该组合体的大小和复杂程度,选择符合国标的作图比例和图幅。

(4)布置视图。

确定三个视图的作图基准线位置。应根据组合体外形尺寸的大小,大致确定三个视图所占据的图位。在图纸上均匀布置好各个视图,不应太挤或过于分散。各视图间应预留出标注尺寸的位置,画出各视图的基准线(即对称中心线、大圆的中心线、底面和端面的位置线)。

(5)画底稿。

支座的绘图步骤如图 6-3 所示。在画底稿时应注意:根据形体分析,先画主体部分,后画次要部分。先画实体部分,后画孔、槽空心部分。先画基本体,后画表面交线。在画基本体时,应采用三个视图同步画出的方法,以保证每一基本体在各个视图之间的正确投影关系。

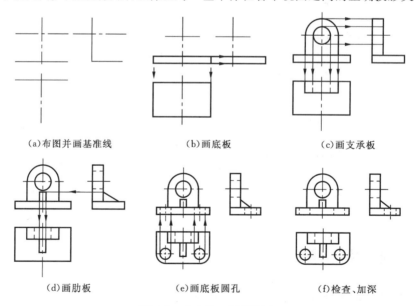

(a)布图并画基准线　　(b)画底板　　(c)画支承板

(d)画肋板　　(e)画底板圆孔　　(f)检查、加深

图 6-3　支座的三视图画法

(6)检查、加深。

按形体逐个检查,检查的内容是:基本体间叠加位置、孔和槽位置是否正确,投影关系是否正确,是否漏画线,是否有多出线。擦去多余图线,并按规定线型加深。当不同线型重合

时,应按"粗实线、虚线、点画线"的优先顺序决定取舍。

6.3 读组合体视图

读图就是通过看和分析物体的视图,想象出物体的形状。很显然,读图和画图是一个互逆的空间物体和平面视图的转换过程。

一、读图的基本知识

1.明确视图中图线和线框的含义

(1)视图中每条粗实线或虚线的空间意义简列于表 6-2 中。

(2)视图中每个封闭线框的空间意义简列于表 6-3 中。视图中每个封闭线框,一般都对应着物体上一个表面(平面、曲面)的投影,或者是对应着一个基本体的投影。读图时,要善于从这些线框的形状,去构思出基本体的形状,或者是判断出物体上相应表面的几何面形。

表 6-2 视图中线条的空间意义

回转面的轮廓线	面积聚性投影	交线的投影
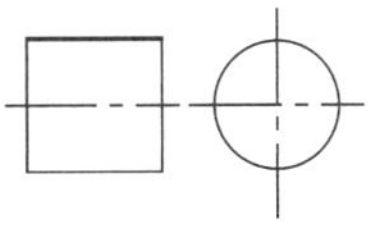		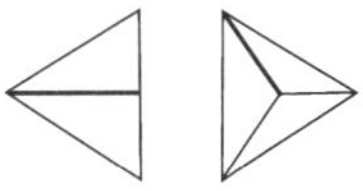
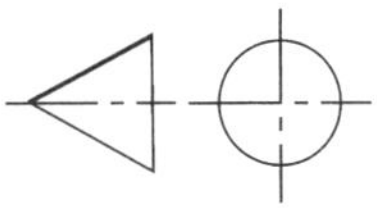	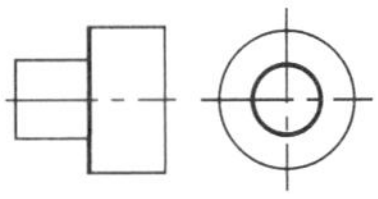	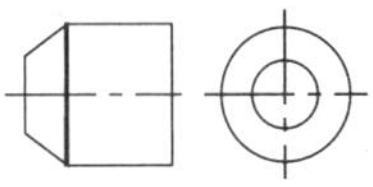
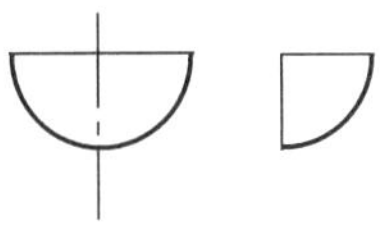	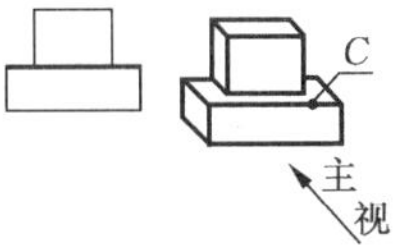	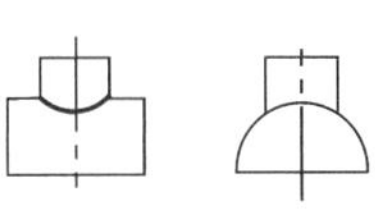

表 6-3 视图中每个封闭线框的空间意义

一 个 平 面	一个回转面	一个回转面及其相切面
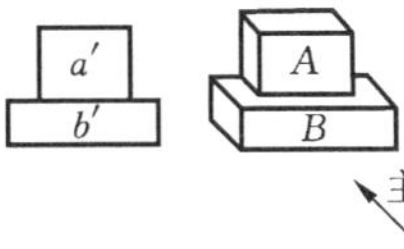	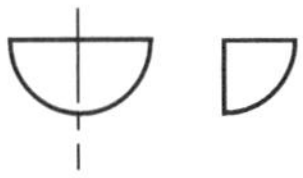	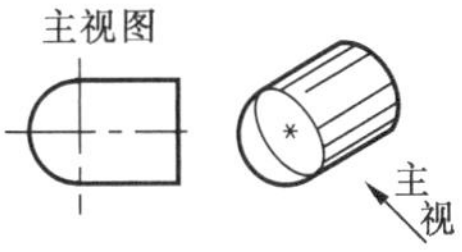
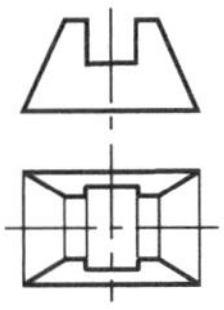	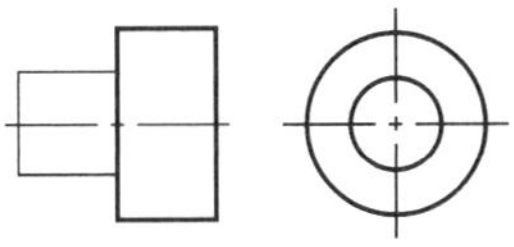	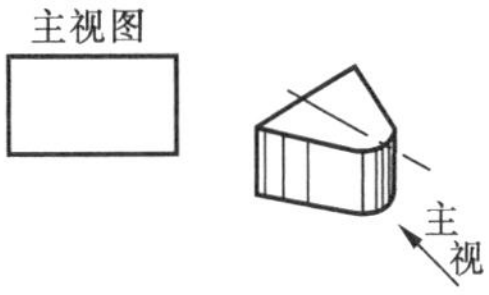

2.几个视图必须联系起来看

因为一个视图一般不能完整表达物体的形状,如图 6-4 所示,甚至有时两个视图也不能确定物体形状以及物体间的方位关系(见图 6-5)。所以看图时,要把反映物体形状特征的几个主要视图联系起来看。

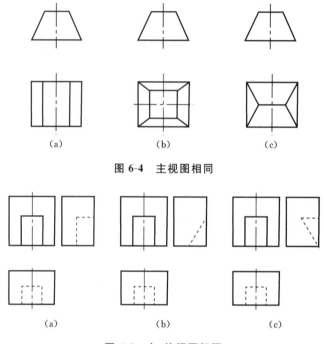

(a)   (b)   (c)

图 6-4   主视图相同

(a)   (b)   (c)

图 6-5   主、俯视图相同

3.分清物体各表面的投影层次

我们知道,视图中的虚线是用来表示物体上不可见面和线的轮廓的。物体上的面和线也是有前、后、左、右、上、下位置上的差别的,面与面之间在同一投影方向上存在相互遮挡的关系。读图时要注意利用视图中虚线、实线来区别物体表面的层次,如图 6-6 所示。

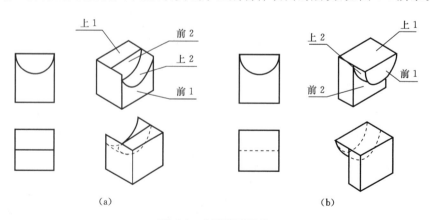

(a)   (b)

图 6-6   分清表面层次

二、读图基本方法

识读组合体视图的方法有形体分析法和线面分析法两种。

1.形体分析法

用形体分析法读图,就是根据视图的特征,把视图按线框分解为若干部分,分别想象出各部分的形状,最后综合想象出组合体的整体形状以及各部分相邻面连接交线的形式。

【例 6-2】识读组合体三视图。

解 下面以图 6-7 为例,说明用形体分析法读图的步骤。

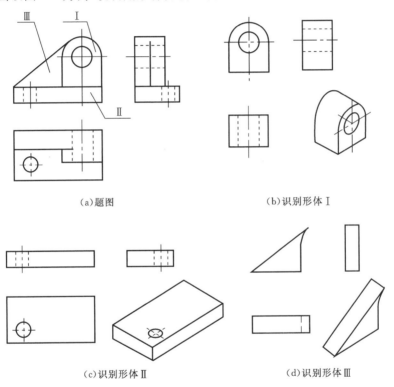

(a)题图 (b)识别形体Ⅰ

(c)识别形体Ⅱ (d)识别形体Ⅲ

图 6-7 用形体分析法识读组合体视图

(1)画线框,分部分。

如图 6-7(a)所示,先将主视图划分出Ⅰ、Ⅱ、Ⅲ三个线框(也可根据形状特征,先从俯视或左视图上划分,不一定非要在主视图上画线框)。每个线框对应一个基本体——这也是形体分析法的依据,所以形体分析法通常用来解决以叠加为主要组合方式的组合体的识图问题。

(2)对投影,识形体。

通过对投影,找出上述各线框在其余视图中所对应的线框,并根据对应线框的投影特征,逐一识别出各个形体的形状,如图 6-7(b)~(d)所示。

(3)综合起来想整体。

最后再分析各对应线框(即分部形体)之间的相对位置和形体间组合形式,综合想象出

组合体的整体形状。由主视图可知Ⅰ、Ⅲ部分在Ⅱ(长方体
底板)之上,Ⅲ的斜面与Ⅰ的半圆柱面相切。另由俯、左视
图可知,Ⅰ、Ⅱ、Ⅲ部分的后表面平齐。整个组合体的形状
如图 6-8 所示。

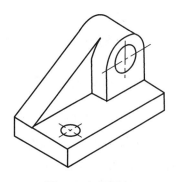

【例 6-3】 根据组合体的主、俯两个视图(见图 6-9
(a)),看懂组合体的形状,并完成左视图(通常称"二求三"
读图练习)。

解 此例我们先在俯视图中画出线框Ⅰ、Ⅱ、Ⅲ,如图
6-9(a)所示;然后与主视图对投影,找出对应线框,分部分
识别Ⅰ、Ⅱ、Ⅲ形体,如图 6-9(b)、(c)、(d)所示,综合起来想整体如图 6-9(e)所示。

图 6-8 识图题解

补画左视图时,应看懂一部分就随之画出这一部分,看懂全图,完成全图,如图 6-9(f)
所示。

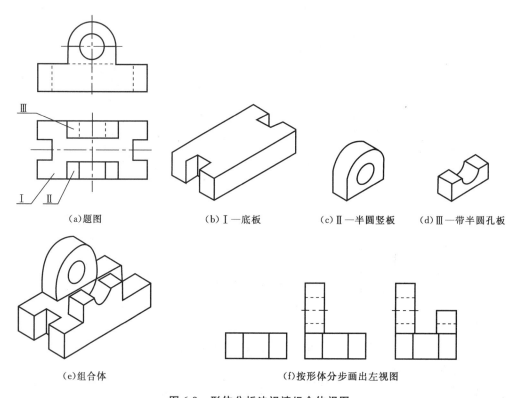

(a)题图 (b)Ⅰ—底板 (c)Ⅱ—半圆竖板 (d)Ⅲ—带半圆孔板

(e)组合体 (f)按形体分步画出左视图

图 6-9 形体分析法识读组合体视图

2.线面分析法

当组合体是以切割为主要组合形式时,即组合体(或其中一部分)可看成是由一基本体
经多面切割而形成的(与形体分析法相区别),也就是说组合体是由若干个表面包围而成的。
用线面分析法识图,是通过对视图中线框和图线的分析,识别出组成组合体的各个表面的形
状及其相邻面间交线的形式,进而想象出该组合体的形状。

下面以图 6-10 压块的视图为例,说明线面分析法的读图步骤。

【例 6-4】 根据压块的主、俯两个视图(见图 6-10(a)),看懂压块的形状,并完成左视图。

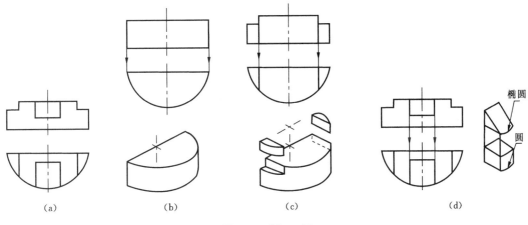

(a)   (b)   (c)   (d)

图 6-10 例 6-4 图

解 (1)对投影,识形体。

先分析视图中最大的外形线框,通过对投影识别出被切割的原始形体的形状,如图 6-10(b)所示,该原始形体是一个半圆柱体。

(2)抓特征,辨面线。

这是线面分析的核心。主视图中左右对称两个切角特征明显,可判别出每个角是由一个侧平面和水平面切割而成,而两平面切割圆柱面所产生的交线分别是一直线和一段圆弧,如图 6-10(c)所示 。此外,主视图和俯视图中各有一线框相互满足"长对正"的投影关系,但切割面位置特征不明显,此处需仔细分辨:若切割块如图 6-10(d)右上所示,则其中斜面与圆柱面交线的正面投影应是椭圆弧,而不是一横水平线,故此判断为错;若切割块如图 6-10(d)右下图所示,则各交线的主、俯视图投影相符,故此切割块的各切割面判断是正确的。

(3)综合起来想整体。

该压块是由一半圆柱经几个不同位置的水平面、侧平面、正平面切割而成,其交线也是圆弧和直线,想象出该压块的整体形状,如图 6-11 所示。

补画左视图的步骤同上述,即看懂一部分就随之画出这一部分,看懂全图,完成全图(见图 6-12)。

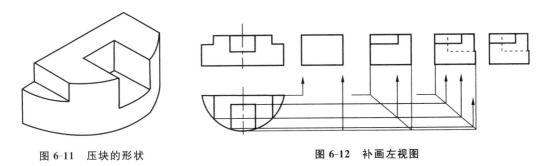

图 6-11 压块的形状   图 6-12 补画左视图

看图时,通常先运用形体分析法构思出组合体的大致轮廓形状,对于视图中不易看懂的局部,再用线面分析法来进一步研究识读。

3.读图练习方式

实际上,读图是一个在读图者头脑中完成的空间思维过程。教学中,对于识图者所构思物状的准确性验证,通常要借助于一定的方式。这些方式如下。

(1)看图造型,即看图搭积木,捏制橡皮泥,切割萝卜、土豆、粉笔头等。

(2)看图徒手画出直观图草图,见图。

(3)看懂给定的两个视图,补画出第三视图,如例6-3、例6-4,简称"补视图"。

(4)看懂给定的漏有图线的视图,补画出视图中所缺的图线,简称"补漏线"。

对于初学者,应加强上述第一类练习,反复验证,直至图、物完全相符为止。在书面练习中,常采用第三、四类方式。补视图的要领同例6-3。

补漏线练习的要领是:对一个视图中图线的交叉点(它对应于物体上的顶点或重影点)或图线转折处见图6-13(b)中问号处,要通过对投影的方式仔细查看在其他两个视图中有无对应的投影线,这类练习更强调对相邻面(相邻两形体)间交线的形状及位置的正确判断。以下列举了两个补漏线例题。

【例 6-5】 补画组合体三视图中(见图6-13(a))所缺漏的图线。

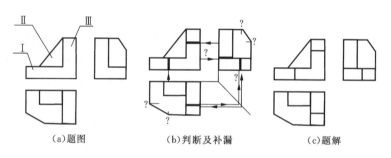

(a)题图　　　　　(b)判断及补漏　　　　　(c)题解

图 6-13　补画视图中漏缺的图线(一)

解 先用形体分析分出线框Ⅰ、Ⅱ、Ⅲ,分别找出其对应投影,想出形状。想清面与面的位置关系与交线。题解见图6-13(b)、(c)。

【例 6-6】 补画组合体三视图中所缺漏的图线,如图6-14(a)所示。

解 题解见图6-14(b)、(c)、(d)。

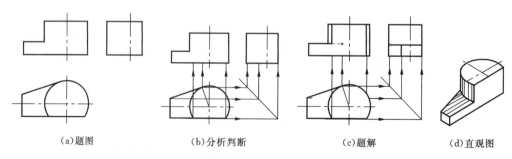

(a)题图　　　　　(b)分析判断　　　　　(c)题解　　　　　(d)直观图

图 6-14　补画视图中漏缺的图线(二)

6.4 标注组合体尺寸

组合体的视图用来表达组合体的形状,而其真实大小则由图中所注尺寸来确定。实际机器零件加工时,也是按图样中的尺寸来制造和检验的。因此,学会在图样中正确标注尺寸十分重要。

一、标注尺寸的基本要求

标注尺寸的基本要求如下。
(1)正确,即尺寸标注要符合国家标准的规定。
(2)完整,即尺寸必须标注齐全,既无遗漏,也不重复。
(3)清晰,即尺寸布置和注写必须整齐、清晰,便于看图。

二、组合体的尺寸类别及尺寸基准

1.尺寸类别

组合体的尺寸按其作用来划分可分为以下三类。

1)定形尺寸

确定组合体各组成部分形状大小的尺寸,亦即各基本几何体的尺寸,如表 6-4 所示。

表 6-4 常见基本几何体的尺寸注法

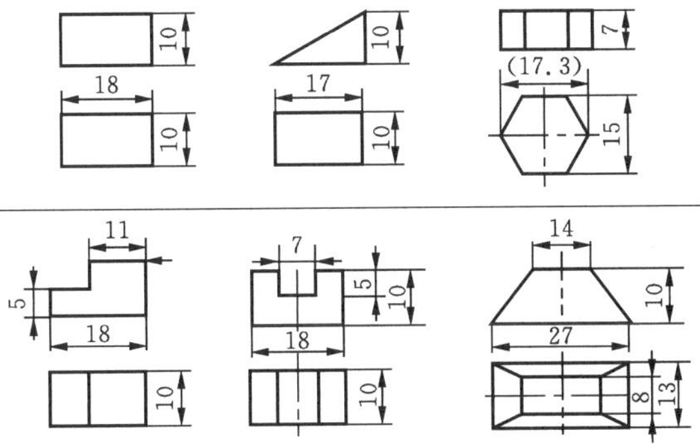

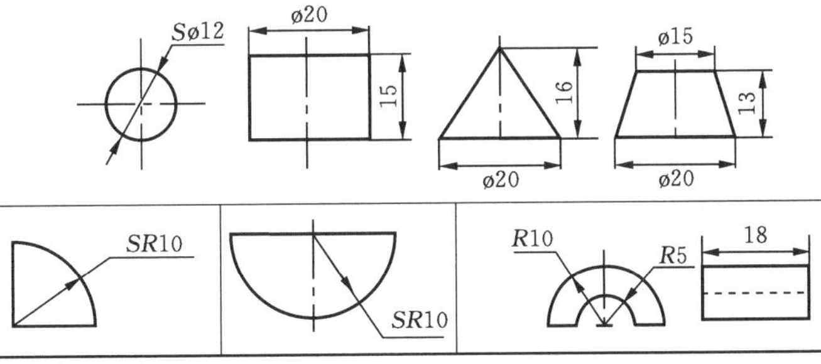

2)定位尺寸

确定组合体各组成部分间相对位置的尺寸。

3)总体尺寸

表示组合体外形大小的总长、总宽和总高度的尺寸。

2.尺寸基准

在标注尺寸时,必须在组合体的长、宽、高三个方向上分别确定一个或几个标注尺寸的起点。这种标注尺寸的起点,称为尺寸基准(通常它对应于组合体上的某些平面和轴线)。基准选择得不同,定位尺寸的注法就不同,如图 6-15 所示。通常选择组合体的底面、重要端面、对称平面以及主要回转体的轴线等作为尺寸基准。

(a)直观图

(b)以底板右端面为基准注出定位尺寸 8

(c)以底板左端面为基准注出定位尺寸 32

图 6-15 不同的尺寸标注法

三、尺寸布置

尺寸布置应整齐有序,清晰易读。为此,应做到以下几点。

(1)尺寸应尽量布置在视图之外,与两视图有关的尺寸最好注在两个视图之间。

(2)各基本形体的尺寸,应尽量集中注在反映该形体特征明显的视图相应部位处。

(3)同心圆的直径最好注在非圆视图上,如图 6-16 所示主视图中的尺寸 $\phi100$、$\phi75$。

(4)尽量避免在虚线上引出标注尺寸。

(5)标注相互平行、并列的尺寸时,小尺寸应靠近视图一侧,大尺寸远离视图,尽量避免图线交叉。相互平行的尺寸线、轮廓线其间距应大于 5 mm。

四、标注组合体尺寸步骤

标注组合体尺寸时,仍应运用形体分析法,分别注出组合体各组成部分的定形尺寸、定位尺寸以及总体尺寸,即完整地标注尺寸。

现以图 6-16 支架为例,说明标注尺寸的步骤。

(1)形体分析。支架可分解为底板、立板和圆筒三部分,前后宽度方向具有对称性。

(2)选择尺寸基准。长度方向以圆筒的轴线为基准,宽度方向以对称平面为基准,高度方向以底板的顶面为基准,如图 6-16(a)所示。

（3）分析各个形体所需注出的尺寸。分析三个基本形体所需注出的定形和定位尺寸，如图 6-16(b) 所示。

（4）注出总体尺寸，检查所有尺寸。图 6-16(a) 所示是经过适当调整后标注的支架尺寸。检查所注尺寸的重点是，有无遗漏或多余的尺寸。

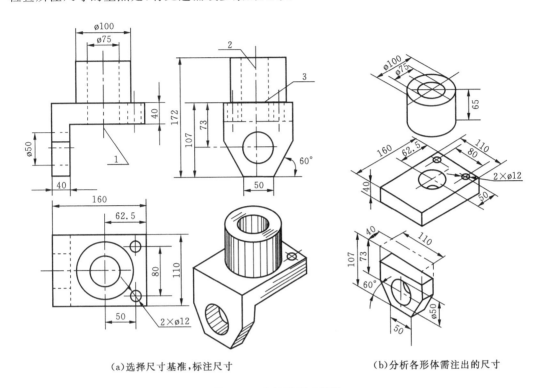

(a) 选择尺寸基准，标注尺寸   (b) 分析各形体需注出的尺寸

图 6-16 支架的尺寸标注

1—长度方向尺寸基准；2—宽度方向尺寸基准；3—高度方向尺寸基准

五、几点补充说明

1. 总体尺寸的注法

总体尺寸一般应直接注出。如图 6-16(a) 中的总长 160，总宽 110，总高 172。但如遇到组合体的一端或两端为回转体时，则该方向上的总体尺寸往往由回转体的中心距和回转体的半径尺寸相加得到，而不直接标注总体尺寸。图 6-17(c)、(d) 反映了这类组合体总体尺寸的标注方法。图 6-17(a) 图中总体尺寸 60、$R5$ 和定位尺寸 50 的标注也是一种特定惯例。

2. 对称尺寸的注法

以对称平面为基准标注尺寸时，并不是以点画线为起点标注半部尺寸，而应将尺寸完整对称地布置在点画线两侧，如图 6-17 中标"＊"号的尺寸。

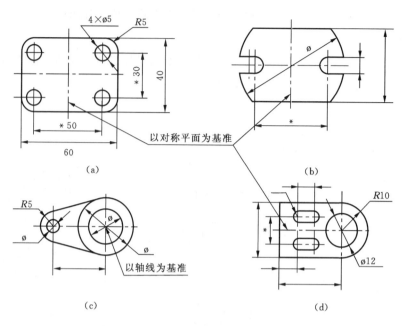

图 6-17 总体尺寸和对称尺寸的注法示例

6.5 计算机绘制组合体视图的方法

计算机绘制三视图主要是能灵活运用对象追踪、极轴、对象捕捉及辅助线等工具,组合体的组成方式有叠加型、挖切型、综合型三种,一般都是综合型,视图较为复杂。绘图者要对零件展开空间想象,然后运用计算机绘图软件特点来完成图形的绘制。

【例 6-7】 绘制如图 6-18 所示的组合体视图,并标注尺寸。

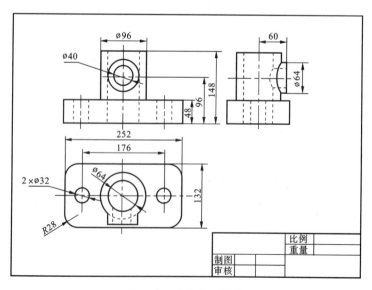

图 6-18 组合体三视图

1. 作图分析

调用已经建好的 A3 样板图。确定三个视图的基准线,将组合体分解为底板、圆筒、凸台、三部分,分别绘制它们的三视图。

2. 画图步骤

(1)根据零件尺寸布置图形,绘制三个视图的基准线。

通常取图形的对称线、大平面的集聚线、回转体的轴线、圆的中心线等作为基准来确定图形各部分的相互位置。

将"中心线"图层置为当前图层,绘制三个视图的基准线如图 6-19 所示。

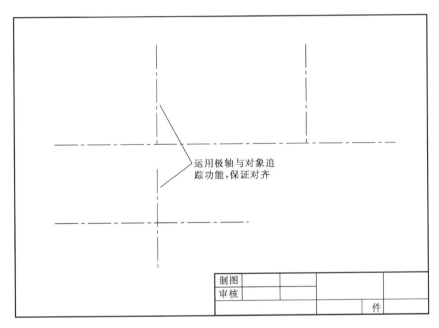

图 6-19 绘制基准线

(2)绘制底板三视图。

将"粗实线"层置为当前图层。

通过"分别偏移" 🖉 得到图 6-20 所示形状,"修剪" ⊬ 后如图 6-21 所示,修改特性如图 6-22 所示,绘制底板俯视图。

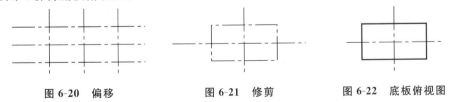

图 6-20 偏移   图 6-21 修剪   图 6-22 底板俯视图

如图 6-23 所示,利用对象追踪确定主视图的第一点,保证主俯视图"长对正"。之后借助极轴,输入长度画出主视图长方形。同样的方法保证"主左视图高平齐",画出左视图长方形。完成底板三视图如图 6-24 所示。

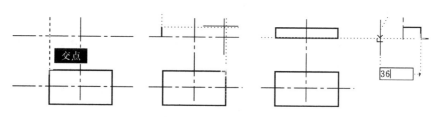

图 6-23　画底板主视图

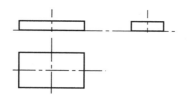

图 6-24　完成底板三视图

(3)绘制圆筒三视图。

单击绘图工具栏中的"圆" ⊙按钮,捕捉俯视图中心线交点,作为圆心,绘制 ⌀96、⌀64 的圆。利用"辅助构造线" ⊙保证圆筒主、俯视图长对正,绘制出圆筒主、俯视图。通过窗口拾取对象复制圆筒的俯视图,经过"旋转" ⊙90°后,极轴追踪(或构造线)找到复制的目标点,根据"左俯视图宽相等"绘制出左视图。过程如图 6-25 所示。

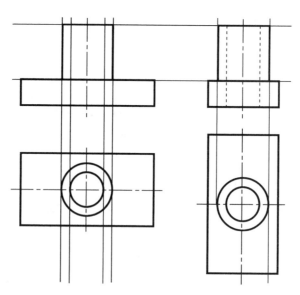

图 6-25　绘制圆筒三视图

(4)绘制凸台的三视图。

偏移三个视图的基准线,确定凸台前端面和圆心的位置,画出凸台的三视图,修剪多余的图线,如图 6-26 所示。

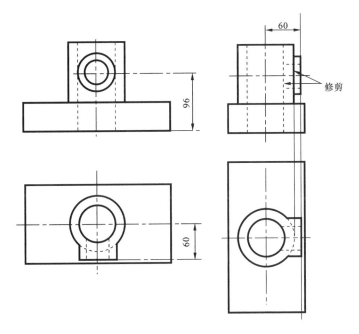

图 6-26 画凸台三视图

(5)画左视图中的相贯线。

当相贯两个圆柱直径相差很大时,相贯线可以用圆弧近似代替,其代替圆弧半径为大圆柱的半径,凹向较大直径圆柱的中心线。根据这条原则,可以画内孔相贯线和凸台与立柱外圆的相贯线。

内孔相贯线的画法:代替圆弧半径为内孔半径,可用"三点画圆" 方式画圆弧,如图 6-27 所示,注意左视图中相贯线上的点要与俯视图旋转后图上的点精确对应。

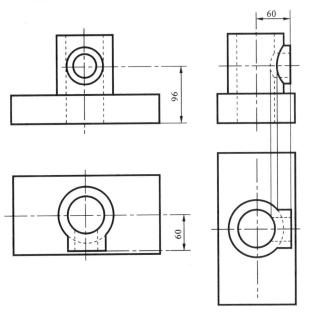

图 6-27 相贯线的画法

凸台与圆筒外圆的相贯线画法与内相贯线画法相同。

(6)删除多余的图线,绘制底板上细节结构的三视图,对底板俯视图进行倒圆角,绘制两个小圆孔,如图 6-28 所示。

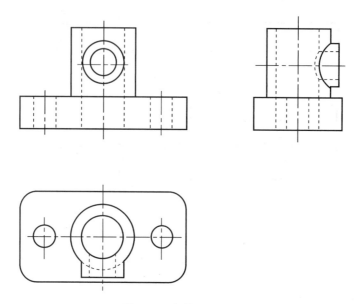

图 6-28   完成图形绘制

(7)组合体尺寸标注。

组合体的尺寸标注也要按照形体分析方法以图形基准线为尺寸基准,把组合体分解为几个组成部分。先标注每个组成部分的定形尺寸,再标注定位尺寸;先标注主要尺寸,再标注细节。

标注之前,要新建一个"尺寸"图层,所有的尺寸都标注在此图层上,便于管理。如图 6-29 所示为底板的尺寸标注,图 6-30 所示为圆筒的尺寸标注,图 6-31 所示为凸台的尺寸标注,最后得到图 6-18 所示的整体尺寸。

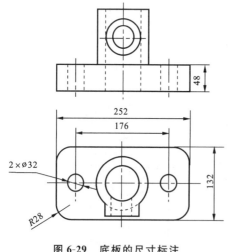

图 6-29   底板的尺寸标注

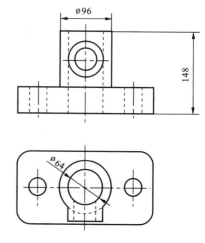

图 6-30   圆筒的尺寸标注

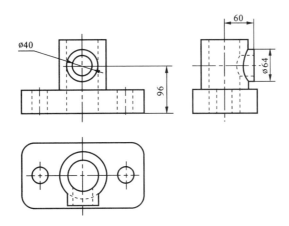

图 6-31 凸台的尺寸标注

3. 保存文件

把文件命名为"组合体",保存于硬盘。

第7章 机件的表达方法

前面已经介绍了用三视图表示物体的方法,但在工程实际中,机件的结构形状是多种多样的,有的机件的外形和内形都较复杂,仅用三视图往往是不够的。为此,国家标准规定了机件的各种表达方法。

本章将介绍视图、剖视图、断面图、局部放大图和简化画法等常用表达方法。画图时应根据机件的实际结构形状特点,选用恰当的表达方法。

7.1 视图

根据有关标准和规定,用正投影法绘制出物体的图形,称为视图。视图主要用于表达机件的外部结构形状。其不可见部分用虚线表示,但必要时也可省略不画,根据国家标准《技术制图 图样画法 视图》(GB/T 17451—1998)和《技术制图 投影法》(GB/T 14692—2008),视图可分为基本视图、向视图、局部视图、斜视图。

一、基本视图

"技术制图"相关国家标准规定用正六面体的六个面作为基本投影面。将物体放在正六面体中,如图 7-1 所示,从机件的前、后、上、下、左、右六个方向分别向基本投影面投影,得到六个基本视图。

在基本视图中,除前面介绍过的主视图、俯视图和左视图外,还有从右向左投影得到的右视图,从下向上投影得到的仰视图,从后向前投影得到的后视图。将这六个投影面展开,使六个基本视图排列在同一平面上,展开时仍保持 V 面不动,其他投影面按图 7-2 所示方向展开。

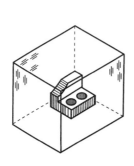

图 7-1 基本投影面

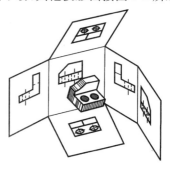

图 7-2 基本投影面的展开

在同一张图纸内,按图 7-3 所示配置视图时,一律不标注视图的名称。

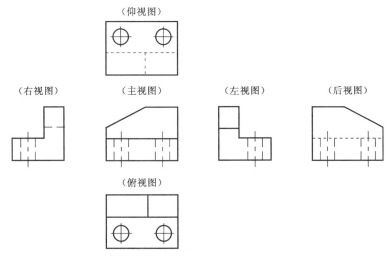

图 7-3　六个基本视图

六个基本视图之间仍保持长对正、高平齐、宽相等的投影关系。即主、俯、仰视图长对正;主、左、右、后视图高平齐;俯、左、仰、右视图宽相等。其中,俯、左、仰、右视图靠近主视图的里侧均反映物体的后方,而远离主视图的外侧均反映物体的前方,后视图的左侧反映物体的右方,而右侧反映物体的左方。

二、向视图

向视图是可以自由配置的视图,有时根据专业的需要,或为了合理利用图纸幅面,也可不按图 7-3 所示规定位置配置,这时,可用向视图表示,按向视图配置必须加以标注:在向视图的上方标注"×"("×"为大写拉丁字母),在相应视图的附近用箭头指明投射方向,并注上同样字母,如图 7-4 所示。

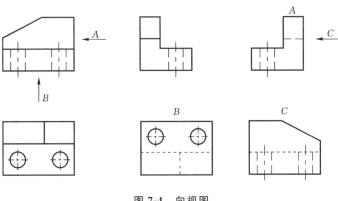

图 7-4　向视图

三、局部视图

将机件的某一局部结构向基本投影面投影所得到的视图,称为局部视图。如图7-5所示的 A 向和 B 向图。

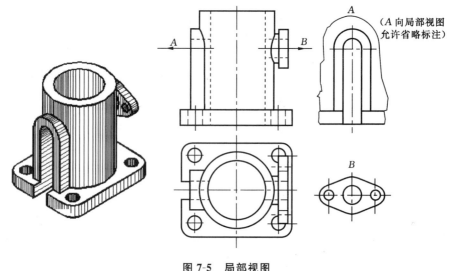

图 7-5 局部视图

画局部视图时应注意以下几点。

(1)一般在局部视图的上方标出视图的名称"×",并在相应的视图附近用箭头指明投射方向,且注上同样的字母,如图7-5所示。

(2)当局部视图按投影关系配置,中间又无其他图形隔开时,可省略标注。如图7-5所示的 A 向局部视图。

(3)局部视图的断裂处以波浪线表示。如图7-5所示的 A 向局部视图。画波浪线时应注意:波浪线不应与轮廓线重合或在其延长线上;不应超出机件轮廓线;不应穿空而过。当所表达的局部结构是完整的,且其外形轮廓线自成封闭,与其他部分截然分开时,波浪线可省略不画,如图7-5所示的 B 向局部视图。

四、斜视图

当机件的某一部分结构形状是倾斜的,且不平行于任何基本投影面时,在基本投影面上无法表达该部分的实形和标注真实尺寸,这时可假想用一个与倾斜部分相平行并垂直于某一基本投影面的新投影面,将倾斜结构向该面投影,而得到倾斜表面的实形,如图7-6(a)所示。这种将机件向不平行于任何基本投影面的平面投影所得到的视图称为斜视图。

画斜视图时应注意以下几点。

(1)画斜视图时,必须用带大写字母的箭头指明其投射方向和部位,并在斜视图上方标注"×",如图7-6(b)所示。应特别注意的是,字母一律按水平位置书写,字头朝上。

(2)斜视图一般按投影关系配置,必要时也可配置在其他适当位置。在不致引起误解时,允许将图形旋转放正配置,其旋转角度,一般以不大于 90°为宜,标注形式为"⌒",旋转符号的尺寸和比例如图 7-6(c)所示,表示该视图名称的大写拉丁字母应靠近旋转符号的箭头端,旋转符号的方向要与实际旋转方向一致,如图 7-6(d)所示的 A 向旋转。

(3)斜视图通常要求表达机件倾斜部分的局部形状,其余部分在斜视图中不反映实形,不必画出,断裂边界以波浪线表示,如图 7-6(b)所示的 A 向斜视图。当所表示的倾斜结构是完整的且外轮廓线又自成封闭时,波浪线可省略不画。

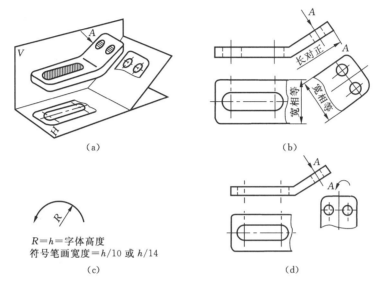

图 7-6　斜视图

7.2　剖视图

一、剖视的基本概念

如图 7-7 所示,当机件的内部结构比较复杂时,视图上就会出现许多虚线,影响视图的清晰,也不便于标注尺寸。为了清楚地表达机件的内部结构,在工程制图中常采用剖视的方法。假想用剖切面(平面或柱面)把机件剖开,移去观察者和剖切面之间的部分,将其余部分向投影面投影,这种方法称为剖视,所得的图形称为剖视图(简称剖视),如图 7-8(a)、(b)所示。

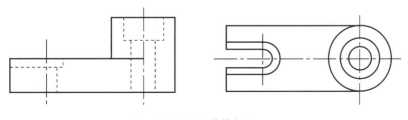

图 7-7　机件的视图

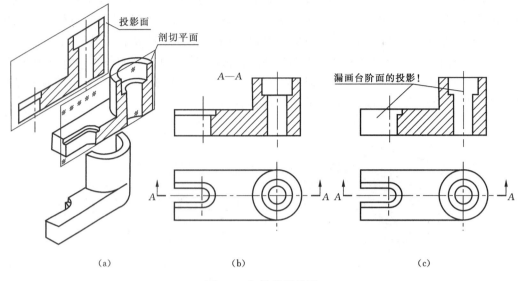

图 7-8　机件的剖视图

二、剖视图的画法

1.画剖视图的方法

如图 7-8(b)所示机件,当主视图采用剖视图时,首先取平行于正立投影面且通过该机件上对称面的剖切平面将其剖开,移去前半部分,将剖切平面与机件的截交线及剖切平面后的机件剩余部分,一并向该投影面投影,并将剖切平面与机件相接触的实体部分(称为剖面区域)画上剖面符号。

不同材料用不同的剖面符号表示,金属材料的剖面符号称为剖面线,通常画成与水平方向成 45°角,且间隔均匀的细实线。当图形的主要轮廓线与水平方向成 45°时,则该图形的剖面线改画成与水平方向成 30°角,且间隔均匀的细实线。同一机件在各剖视图和断面图中所有的剖面线方向和间隔必须一致。

2.剖视图的标注

剖视图的标注目的是为了看图时了解剖切位置和投射方向,便于找出投影的对应关系。

1)剖切线

剖切线是指示剖切面位置的线,用细点画线表示(一般可以省略)。

2)剖切符号

剖切符号是指示剖切面起、迄和转折位置(用粗线宽 $1d\sim1.5d$,长约 5mm 的粗短画表示,且尽可能不与图形的轮廓线相交)及投射方向(用箭头表示)的符号。

3)字母

字母注写在剖视图上方,用以表示剖视图名称的大写拉丁字母。为读图时便于查找,应在剖切符号附近注写相同的字母,如图 7-8(b)中 $A—A$ 剖视。

4）省略标注

当剖视图按投影关系配置，中间又没有其他图形隔开时，可以省略箭头。当单一剖切平面通过机件的对称面或基本对称的平面，且剖视图按投影关系配置，中间又没有其他图形隔开时，可以省略标注。图 7-8(a) 中的 $A—A$ 剖视，其剖切符号和剖视图名称均可以省略。

3. 画剖视图时应注意的问题

(1)由于剖视图是假想把机件剖开，所以当一个视图画成剖视时，其他视图的投影不受影响，仍按完整的机件画出，如图 7-9(a) 所示。

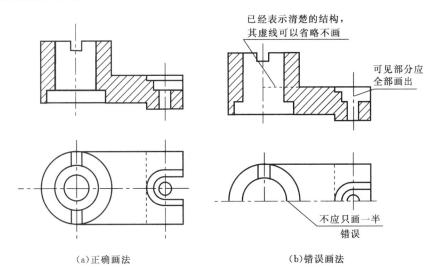

已经表示清楚的结构，其虚线可以省略不画

可见部分应全部画出

不应只画一半 错误

(a)正确画法　　　　(b)错误画法

图 7-9　剖视图画法

(2)剖切平面一般应通过机件的对称面或轴线，并要平行或垂直于某一投影面。

(3)剖切平面后方的可见部分应全部画出，不能遗漏。图 7-8(c) 及图 7-9(b) 的主视画法是错误的。

(4)在剖视图中，对于已经表示清楚的结构，其虚线可以省略不画，如图 7-9(a)。在没有剖开的视图上，虚线的问题也按同样原则处理，即已经表示清楚的结构，其虚线可以省略不画。

三、剖视图的种类

按剖切面剖开机件范围的不同，剖视图分为全剖视图、半剖视图和局部剖视图。

1. 全剖视图

用剖切平面完全地剖开机件所得的剖视图称为全剖视图，如图 7-8(b)、图 7-9(a) 所示。全剖视图主要用于内部结构比较复杂、外形比较简单的不对称零件。其标注细则同前所述。

2. 半剖视图

当机件具有对称平面时，在垂直于对称平面的投影面上投影所得的图形，可以对称中心线为界，一半画成剖视，另一半画成视图。这种剖视图称为半剖视图，如图 7-10 所示。半剖

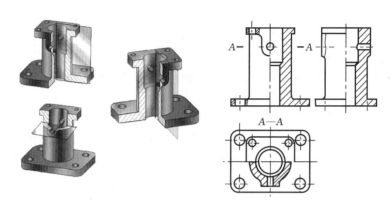

图 7-10 半剖视图

视图主要用于内、外结构形状都需要表达的对称机件。

画图时必须注意,在半剖视图中,半个外形视图和半个剖视图的分界线应画成细点画线,不能画成实线。由于图形对称,机件的内部形状已在半个剖视图中表示清楚,所以在表达外部形状的半个视图中,虚线一般省略不画。半剖视图的标注规则与全剖视图相同。

3. 局部剖视图

用剖切平面局部地剖开机件所得的剖视图,称为局部剖视图,如图 7-11 所示。在局部剖视图中,视图部分与剖视图部分以波浪线为分界线。波浪线不应与图样上其他图线重合,也不得超出视图的轮廓线或通过中空部分,图 7-12(a)是错误的画法。局部剖视不受图形是否对称的限制,剖切位置及剖切范围的大小,可根据需要决定。因此,它是一种比较灵活的表达方法,可以单独使用,如图 7-12(b)所示,也可以配合其他剖视使用,如图 7-10 所示的主视图。

局部剖视图运用得好,可使图形简明清晰。但在一个视图中,局部剖切的数量不宜过多,否则会使图形过于破碎。对于剖切位置明显的局部剖视,一般可省略标注。若剖切位置不够明显时,则应进行标注。

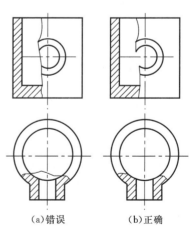

(a)错误   (b)正确

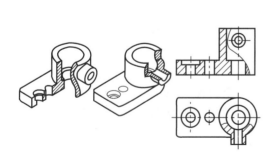

图 7-11   局部剖视图

图 7-12   局部剖视图画法的正误比较

四、剖切面种类

根据剖切面相对于投影面的位置及和剖切面组合的数量不同,可以得到三类剖切:单一剖切面、几个平行的剖切平面和几个相交的剖切面(交线垂直于某一投影面)。

1.单一剖切面

用一个剖切面(包括平面和柱面)剖开机件的方法,称为单一剖切。

(1)用一个平行于某一基本投影面的剖切平面将机件剖开。前面所讲述的全剖视图、半剖视图和局部剖视图,都是用这种剖切方法画出的,这些是最常用的剖视图。

(2)用一个垂直于基本投影面的剖切平面将机件剖开的方法,称为斜剖,如图 7-13 的"A—A",采用这种方法画剖视图,所画的图形一般应按投影关系配置在与剖切符号相对应的位置,如图 7-13(a)所示,必要时也可以将剖视图配置在其他适当位置如图 7-13(b)所示,在不致引起误解时,允许将图形旋转,但旋转后的标注形式应为"×—× ",如图 7-13(c)所示。采用斜剖视图必须按规定标注。这种方法多用于表达与基本投影面倾斜的内部结构的形状。

(3)用一个垂直于基本投影面的剖切柱面将机件剖开,如图 7-14 所示,用剖切柱面剖得的剖视图一般采用展开画法。此时,应在剖视图名称后加注"展开"二字。

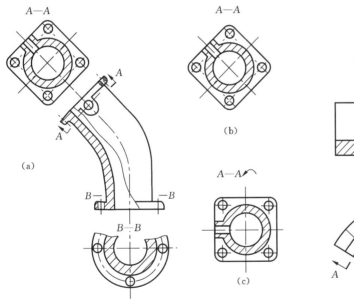

图 7-13 单一斜剖切平面剖得的全剖视图

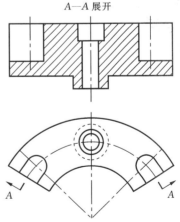

图 7-14 单一剖切柱面剖得的剖视图

2.几个平行的剖切平面

用几个平行的剖切平面剖开机件的方法,称为阶梯剖,如图 7-15 所示,机件上有三种不同结构的孔,用三个相互平行的平面分别通过大圆柱孔、长圆孔和小圆柱孔的轴线剖开

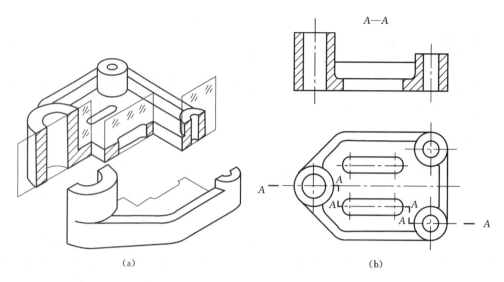

(a)   (b)

图 7-15   几个平行的剖切平面剖得的剖视图

机件。

这样画出的剖视图就能把机件的多层次的内部结构完全表达清楚。用这种方法画剖视图时,必须注意以下几点。

(1)不应画出各剖切平面转折处的界线,如图 7-16 所示主视图。

(2)剖切平面的转折处不应与视图中的轮廓线重合,如图 7-17 所示主视图。

(3)在图形内不应出现不完整的要素,如图 7-18 所示。只有当两个要素在图形上具有公共对称中心线或轴线时,可以各画一半,此时应以对称中心线或轴线为界,如图 7-19 所示。

(4)画几个平行的剖切平面剖得的剖视图时必须标注,其标注方法与单一剖切基本相同。当剖视图按投影关系配置,中间又没有其他图形隔开时,可以省略箭头,如图 7-15 所示。当转折处的位置有限且不会引起误解时,其转折处允许省略字母,如图 7-19 所示。

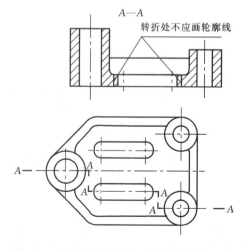

图 7-16   几个平行的剖切平面剖得的剖视图(一)

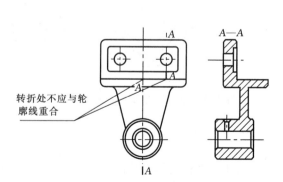

图 7-17   几个平行的剖切平面剖得的剖视图 (二)

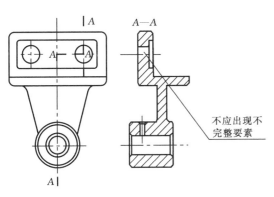

图 7-18 几个平行的剖切平面剖得的剖视图(三)

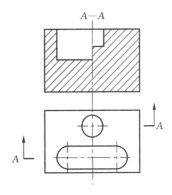

图 7-19 几个平行的剖切平面剖得的剖视图 (四)

3.几个相交的剖切面

用两个相交的剖切面剖开机件的方法称为旋转剖。采用这种方法画剖视图时,先假想按剖切位置剖开机件,然后将被倾斜的剖切平面剖开的结构及其有关部分旋转到与选定的基本投影面平行后再进行投影,如图 7-20 所示。这种剖切方法必须标注,其标注方法与上述标注方法相同。

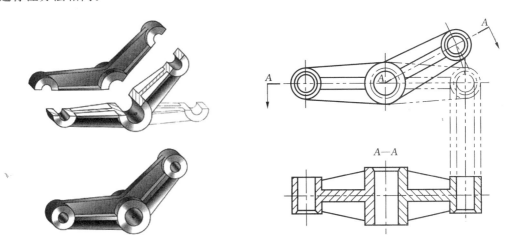

图 7-20 旋转剖

7.3 断面图

一、断面图的概念

假想用剖切平面把机件的某处切断,仅画出断面的图形称为断面图(简称断面),如图 7-21 所示。断面图与剖视图的区别是:断面图只画出机件剖切处的断面形状,而剖视图除了画出断面的形状外,还要画出剖切平面后面部分的机件轮廓投影。断面图常用来表达机件某一部分的断面形状。如机件上的肋板、轮辐、孔、键槽、杆件和型材的断面等。

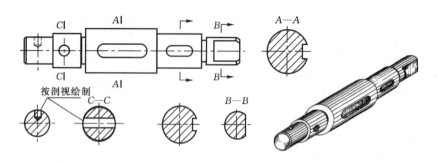

图 7-21　移出断面图

二、断面图的种类

断面图分为移出断面图和重合断面图两种。

1.移出断面图

1)移出断面图的画法

画在视图外的断面图,称为移出断面图,如图 7-21 所示的断面图。移出断面图的轮廓线用粗实线绘制。为了便于看图,移出断面应尽量配置在剖切平面的延长线上。必要时可以将移出断面配置在其他适当的位置,在不致引起误解时,允许将图形旋转,其标注形式如图 7-22 所示。

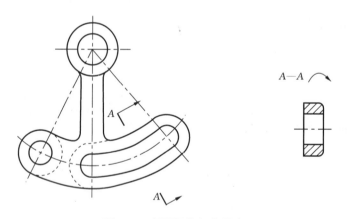

图 7-22　断面图的规定画法

当断面图形对称时,也可画在视图的中断处,如图 7-23 所示。由两个或多个相交的剖切平面剖切得出的移出断面,中间一般应断开,如图 7-24 所示。

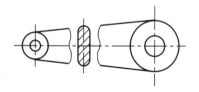

图 7-23　对称移出断面

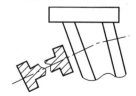

图 7-24　两剖切平面剖切的移出断面

当剖切平面通过回转面形成的孔或凹坑的轴线时,这些结构按剖视绘制,如图 7-21 所示。当剖切平面通过非圆孔会导致出现完全分离的两个断面时,则这些结构也应按剖视绘制,如图 7-22 所示。

2)移出断面的标注

(1)移出断面一般应用剖切符号表示剖切位置,用箭头表示投影方向,并标注上字母,在断面图的上方应用同样的字母标出相应的名称"×—×",如图 7-21 所示的"B—B"。

(2)配置在剖切平面延长线上的不对称移出断面,如图 7-21(c)所示,移出断面的标注可省略字母。不是配置在剖切平面延长线上的对称移出断面,如图 7-21(b)所示,以及按投影关系配置的不对称移出断面,如图 7-21(e)所示,均可省略箭头。

(3)配置在剖切平面延长线上的对称移出断面,如图 7-21(a)所示,以及配置在视图中断处的对称移出断面,如图 7-23 所示,均不必标注。

2.重合断面图

1)重合断面图的画法

在不影响图形清晰的条件下,断面图也可以按投影关系画在视图之内,称为重合断面图。重合断面图的轮廓线用细实线绘制。当视图中的轮廓线与重合断面图的图形重叠时,视图中的轮廓线应连续画出,不可间断,如图 7-25 所示。

2)重合断面图的标注

对称的重合断面可以不加任何标注,如图 7-25(b)所示。配置在剖切符号上的不对称重合断面,不必标注字母,但仍要在剖切符号处画上箭头,如图 7-25(a)所示。

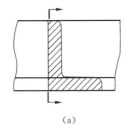
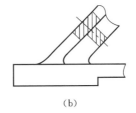

| (a) | (b) |

图 7-25　重合断面

7.4　局部放大图与简化画法

一、局部放大图

机件上某些细小结构,在视图上常由于图形过小而表达不清,并给标注尺寸带来困难。为此,常用局部放大图来表达。将机件的部分结构,采用大于原图形的比例画出的图形称为局部放大图,如图 7-26 所示。局部放大图可画成视图、剖视、断面图,它与被放大部分的表达方式无关。局部放大图应尽量配置在被放大部位的附近。画局部放大图时,应用细实线圈出被放大的部位。

当同一机件上有几处需放大时,必须用罗马数字依次标明被放大的部位,并在局部放大图的上方标注出相应的罗马数字和所采用的比例,如图 7-26 所示。当机件上仅有一处需放大时,放大图的上方只需标明所采用的比例。

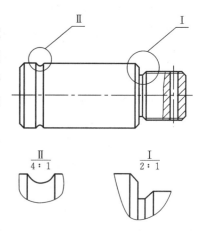

图 7-26 局部放大图

二、简化画法

简化图形必须保证不致引起误解和不会产生歧义,在此前提下,应力求制图简便。国家标准中规定了某些简化画法,这里仅介绍常见的简化画法,如表 7-1 所示。

表 7-1 常见的简化画法

序号	简化对象	简化画法	说 明
1	对称结构		对称机件允许只画出整体的 1/2 或 1/4,并在对称中心线的两端画出两条与其垂直的平行细实线
2	对称结构局部视图		零件上对称结构的局部视图,如键槽、方孔等可按左图所示方法表示
3	剖面符号		在不致引起误解时,零件图中的移出断面允许省略剖面符号,但剖切位置与断面图的标注不能省略
4	符号表示		当回转体上的平面在图形中不能充分表达时,可用两条相交的细实线表示这些平面
5	滚花结构	网纹 $m0.8$	机件上的滚花部分或网状物、编织物,可在轮廓线附近用细实线示意画出

序号	简化对象	简化画法	说　　明
6	相同要素	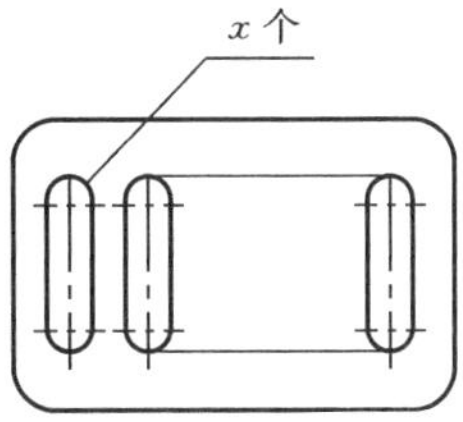	当机件具有若干相同的结构（如齿、槽等），并按一定规律分布时，只需画出几个完整的结构，其余用细实线连接，并注明该结构的总数
		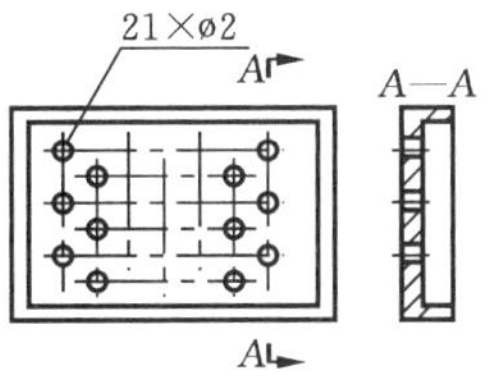	若干直径相同并且成规律分布的孔（圆孔、螺孔、沉孔等），可以仅画出一个或几个，其余只需表示其中心位置，并在零件图中注明孔的总数
7	肋、轮辐及薄壁结构	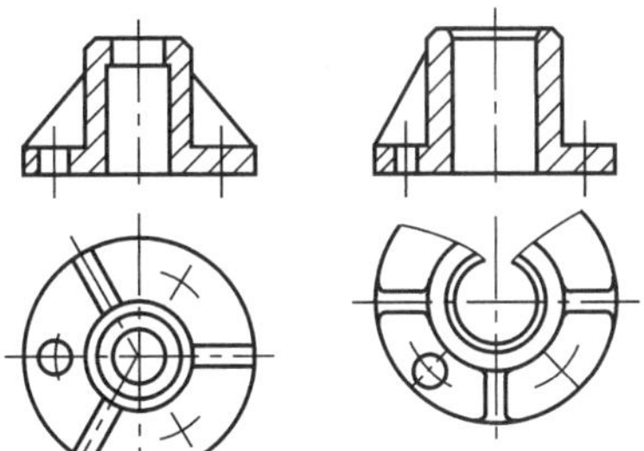	对机件上的肋、轮辐及薄壁等，如按纵向剖切，这些结构不画剖面符号，而用粗实线将它与其邻接部分分开。当需要表达零件回转体结构上均匀分布的肋、轮辐、孔等，而这些结构又不处于剖切平面上时，可以把这些结构旋转到剖切平面位置上画出
8	较长的机件	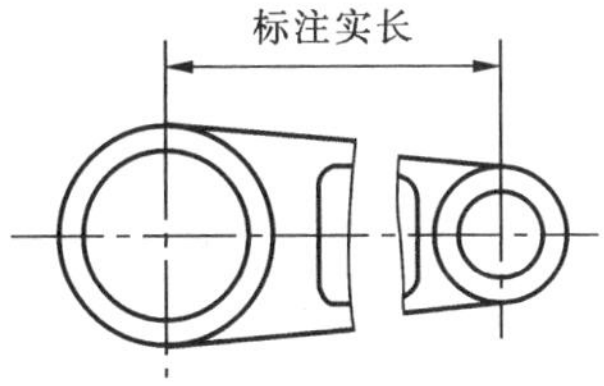	较长的机件（轴、杆、型材、连杆等）沿长度方向的形状一致或按一定规律变化时，可断开后缩短绘制，但必须标注实际长度尺寸

7.5　计算机绘制剖视图的方法

　　计算机绘制剖视图是在用工程制图中机件表达方法把零件的表达方案确定后，用计算机绘图软件实现图形绘制的过程，特殊点在于剖切面需要进行图案填充。

　　【例 7-1】　抄画如图 7-27 所示的组合体三视图，并将主视图改为半剖视图，左视图改为全剖视图。

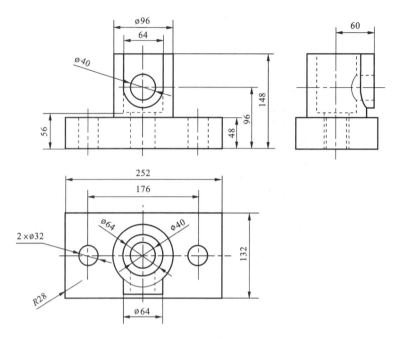

图 7-27　组合体三视图

1. 作图分析

对已知的图形仔细分析,构思形体,得出如图 7-28 所示的模型。

（a）　　　　　　　　　　　　　（b）

图 7-28　形体分析

2. 画图步骤

(1)调用已经建好的 A3 样板图。

(2)根据零件尺寸布置图形,按正确的方法抄画三视图。

(3)用制图的方法,可将主视图改成半剖视图,如图 7-29 所示。

图案填充的方法是:选择"绘图"→"图案填充"命令或在命令行输入"hatch"或选择绘图
工具栏中 按钮 ,打开"图案填充和渐变色"对话框,如图 7-30 所示。

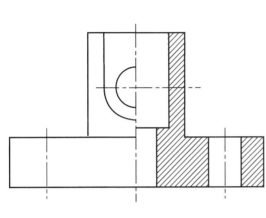

图 7-29　半剖主视图

7-30　"图案填充和渐变色"对话框

单击"图案填充和渐变色"对话框中的" "按钮,出现"填充图案选项板",选择国家标
准规定的金属材料的图案 ,设定合适的比例、角度,如图 7-31 所示。

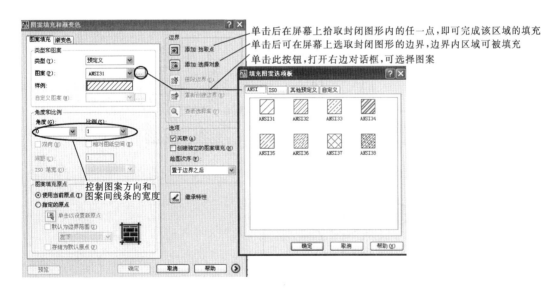

图 7-31　选择图案

在边界选择框中,单击"拾取点"按钮 ,对话框暂时消失,系统返回到绘图状态,命令
行提示:拾取内部点或 [选择对象(S)/删除边界(B)]:(用光标在需要填充的封闭区域内拾
取一点,系统将自动搜索并生成最小封闭区域,其边界以虚线显示,如图 7-32 所示)。

选择完毕按回车键后。系统返回到"图案填充和渐变色"对话框,单击对话框左下角的
"预览"按钮,可预览图案的填充效果。如对填充效果满意,可按 Enter 键或单击右键确定。

如对填充效果不满意,可按 Esc 键或用光标在绘图再抬取任意一点,系统将返回到对话框,在对话框中进行修改,直至满意为止。填充后的主视图如图 7-29 所示。

(4)用制图的方法将左视图改画成全剖视图,如图 7-33 所示,并填充图案。

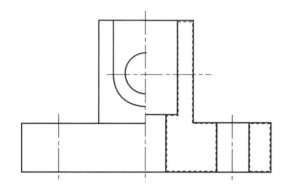

图 7-32　封闭区域内拾取点后区域边界变为虚线

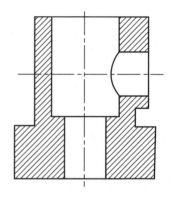

图 7-33　"填充图案"后的左视图

3. 整理、存储文件

(1)单击"移动"按钮 ✛,调整视图间的距离。

(2)检查全图确认无误后,使所绘图形充满屏幕,保存。最终结果如图 7-34 所示。

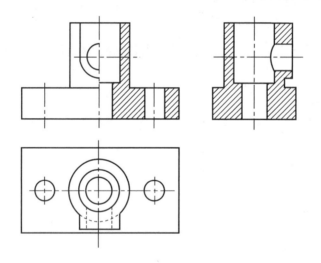

图 7-34　完成图形

第 8 章　识读标准件与常用件

在机器或部件中,除一般零件外,还广泛使用着螺纹紧固件(如螺栓、螺钉、螺母、垫圈)、键、销和滚动轴承等零件,这类零件的结构和尺寸均已标准化,称为标准件。此外还经常使用齿轮、弹簧等零件,这类零件的部分结构、参数也已标准化,称为常用件。

本章主要介绍标准件、常用件的基本知识,能识读标准件、常用件的图样。

■ 8.1　螺纹及螺纹紧固件

一、螺纹各部分名称及要素

螺纹各部分名称如图 8-1 所示。描述螺纹有五个要素:牙型、直径、线数、螺距和导程、旋向。

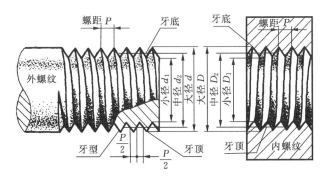

图 8-1　螺纹各部分名称

1.牙型

通过螺纹轴线断面上的螺纹轮廓形状称为螺纹牙型。常见的螺纹牙型有三角形、梯形、锯齿形和矩形等。

2.直径

1)大径(d、D)

大径是指与外螺纹牙顶或内螺纹牙底相切的假想圆柱或圆锥的直径,即螺纹的最大直径。

2)小径(d_1、D_1)

小径是指与外螺纹牙底或内螺纹牙顶相切的假想圆柱或圆锥的直径。

3)中径(d_2、D_2)

中径是指母线通过牙型上沟槽和凸起宽度相等处的假想圆柱或圆锥的直径。

4)公称直径(d、D)

公称直径是用来代表螺纹尺寸的直径(管螺纹用尺寸代号表示),一般为螺纹大径。

3. 线数

螺纹有单线螺纹和多线螺纹之分。如图 8-2 所示,沿一条螺旋线形成的螺纹为单线螺纹;沿两条或两条以上螺旋线形成的螺纹称为双线螺纹或多线螺纹。

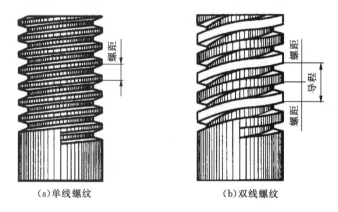

(a)单线螺纹   (b)双线螺纹

图 8-2   单线螺纹和双线螺纹

4. 螺距和导程

如图 8-2 所示,螺纹上相邻两牙在中径线上对应两点间的轴向距离称为螺距(P);沿同一条螺旋线形成的螺纹,相邻两牙在中径线上对应两点间的轴向距离称为导程(P_h)。

对于单线螺纹,导程＝螺距;对于线数为 n 的多线螺纹,导程＝n×螺距。

5. 旋向

螺纹的旋向分右旋和左旋。顺时针旋转时旋入的螺纹称为右旋螺纹;逆时针旋转时旋入的螺纹称为左旋螺纹。旋向判定,如图 8-3 所示,将外螺纹轴线垂直放置,螺纹的可见部分是右高左低为右旋螺纹;左高右低为左旋螺纹。

只有牙型、大径、螺距、线数、旋向等诸要素都相同的内、外螺纹才能旋合在一起。常见的螺纹是单线、右旋。

二、螺纹的画法

螺纹若按真实投影作图,比较麻烦。为了简化作图,国家标准《机械制图 螺纹及螺纹紧固件表示法》(GB/T 4459.1—1995)规定了螺纹的画法,如图 8-4 所示。

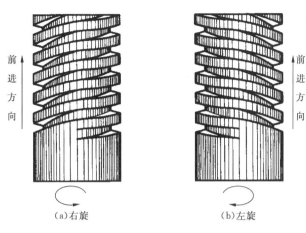

图 8-3 螺纹的旋向

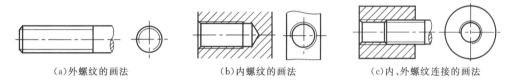

图 8-4 螺纹的画法

（1）在投影为非圆的视图中，螺纹的牙顶用粗实线画出；牙底用细实线画出（通常小径用大径的 0.85 倍画出），在螺纹的倒角或倒圆部分也应画出。

（2）螺纹在投影为圆的视图中，表示牙底的细实线圆只画约 3/4 圈，表示牙顶的圆用粗实线画出，而表示轴或孔上倒角的圆投影则省略不画。

（3）螺纹的终止线用粗实线画出。

（4）不可见螺纹的所有图线用虚线画出。

（5）内、外螺纹连接后旋合部分按外螺纹画出，其余部分仍按各自的画法。

三、普通螺纹的标记和标注

螺纹的标记用来表示螺纹的要素及精度等，不同类型的螺纹其标记形式不同。由于普通螺纹使用较多，表 8-1 所示为普通螺纹的标记和标注（见《普通螺纹　公差》(GB/T 197—2003)），其他螺纹查阅有关手册。

四、常用螺纹紧固件的类型及其标记

螺纹紧固件的类型和结构形式很多，可根据需要从国家标准《紧固件标记方法》(GB/T 1237—2000)中查出其尺寸，一般无需画出它们的零件图，如表 8-2 所示。

表 8-1　普通螺纹的标记和标注

螺纹种类	标　记	标　注	说　明
粗牙普通螺纹	M10-5g6g-S（短旋合长度／顶径公差带／中径公差带／螺纹大径）M10LH-7H-L（长旋合长度／顶径和中径公差(相同)／左旋）	M10-5g6g-S　20　M10LH-7H-L　20	（1）M是普通螺纹规定代号，公称直径为螺纹大径；（2）普通粗牙螺纹不标注螺距，细牙则要标注螺距数值；（3）右旋不标注，左旋标注"LH"；（4）中径公差带与顶径公差带代号不同，应分别标注；如相同，只标注一个代号；
细牙普通螺纹	M10×1-6g（螺距）	M10×1-6g　20	（5）旋合长度分为短（S）、中等（N）、长（L）三种。中等旋合长度 N 不用标注
梯形螺纹	Tr36×12(p6)-7H	Tr36×12 (p6)—7H	梯形螺纹，公称直径36 mm，双线螺纹，导程12 mm，螺距6 mm，右旋。中径公差带为 7H，中等旋合长度
非密封管螺纹	G1A	G1A	G—55°非密封管螺纹特征代号 1—尺寸代号 A—外螺纹公差等级代号

表 8-2　常用螺纹紧固件的标记示例

名称	立体图	图　例	标记示例
六角头螺栓		M8　40	螺栓　M8×40　GB/T 5782—2000表示螺纹规格 $d=$M8、公称长度 $l=$40 mm、性能等级为 8.8 级、表面氧化、产品等级为 A 级的六角头螺栓
双头螺柱		M8　35	螺柱　M8×35　GB/T 897—1988表示两端均为粗牙普通螺纹，$d=$8 mm、$l=$35 mm、性能等级为 4.8 级、不经表面处理、B 型、$b_m=1d$ 的双头螺柱
1 型六角螺母		M8	螺母　M8　GB/T 6170—2000表示螺纹规格 $D=$M8、性能等级为 8 级、不经表面处理、产品等级为 A 级的 1 型六角螺母

序号	立体图	图例及规格尺寸	标 记 示 例
A 级 平垫圈			垫圈　8　GB/T 97.1—2002 表示规格 8 mm、性能等级为 140HV 级、不经表面处理的 A 级平垫圈
标准型 弹簧垫圈			垫圈　8　GB/T 93—1987 表示规格 8 mm、材料为 65Mn、表面 氧化的标准型弹簧垫圈
开槽 盘头 螺钉		25　M8	螺钉　M8×25　GB/T 67—2008 表示螺纹规格 d＝M8、公称长度 l＝ 25 mm、性能等级为 4.8 级、不经表面 处理的开槽盘头螺钉
开槽 沉头 螺钉		45　M8	螺钉　M8×45　GB/T 68—2000 表示螺纹规格 d＝M8、公称长度 l＝ 45 mm、性能等级为 4.8 级、不经表面 处理的开槽沉头螺钉
内六角 圆柱头 螺钉		30　M8	螺钉　M8×30　GB/T 70.1—2008 表示螺纹规格 d＝M8、公称长度 l＝ 30 mm、性能等级为 8.8 级、表面氧化 的内六角圆柱头螺钉
开槽 锥端 紧定 螺钉		25　M8	螺钉　M8×25　GB/T 71—1985 表示螺纹规格 d＝M8、公称长度 l＝ 25 mm、性能等级为 14H 级、表面氧化 的开槽锥端紧定螺钉

五、螺纹连接的比例画法

装配图中为了作图方便,常将螺纹紧固件各部分尺寸取其与螺纹公称直径成一定比例关系简化画出,表 8-3 为常用的三种螺纹连接的画法。

表 8-3　常用的三种螺纹连接的画法

连接方式	图　　例	绘图说明
螺栓连接	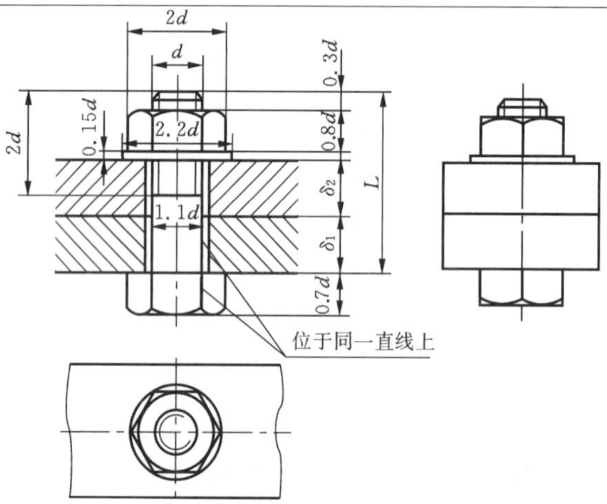	(1)剖视图中,当剖切平面通过螺纹紧固件的轴线时,这些零件都按不剖画出 (2)相邻两零件的接触面只画一条粗实线,不接触面(螺栓与孔之间有间隙)必须画两条粗实线 (3)相邻两零件的剖面线方向应相反,必要时可以相同,但必须相互错开或间隔不一致 (4)螺栓的螺纹终止线必须画在垫圈之下,否则螺母可能拧不紧
螺柱连接	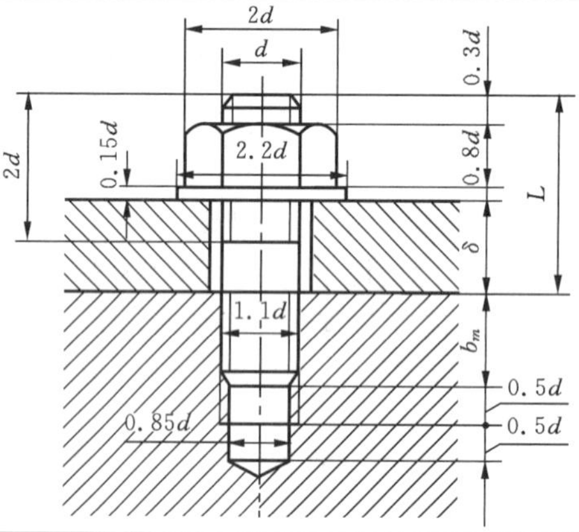	(1)旋入端长度 b_m 与被旋入零件的材料有关,钢或青铜 $b_m = d$,铸铁 $b_m = 1.25\,d$ 或 $1.5\,d$,铝合金 $b_m = 2\,d$。为保证连接牢固应使旋入端完全旋入螺纹孔中,即在装配图上旋入端的螺纹终止线与螺孔端面平齐 (2)被连接零件上的螺孔深度应稍大于 b_m,一般取 $b_m + 0.5\,d$
螺钉连接	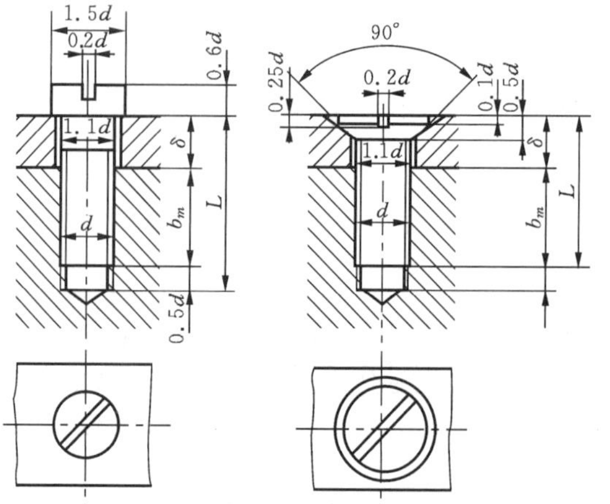	(1)旋合长度 b_m 与螺柱旋入端长度 b_m 相同 (2)为了保证连接牢固,螺钉的螺纹长度与螺孔的螺纹长度都应大于旋合长度 b_m,即螺钉连接后螺钉上的螺纹终止线必须高出旋入端零件的上端面 (3)圆柱头开槽螺钉头部的槽(在投影为圆的视图上)不按投影关系画出,画成与水平线成 45°的加粗实线,线宽为粗实线的 2 倍,方向为图示方向

8.2 直齿圆柱齿轮

齿轮是传动零件,可将一根轴的动力及旋转运动传递给另一根轴,还可以改变转速和旋转方向。如图 8-5 所示,是齿轮传动中常见的四种类型:圆柱齿轮传动用于两平行轴之间的传动,圆锥齿轮传动用于两相交轴之间的传动,蜗轮蜗杆传动用于两垂直交叉轴之间的传动,齿轮齿条传动用于转动和移动之间的运动转换。

(a)圆柱齿轮传动　　　(b)圆锥齿轮传动　　　(c)蜗轮蜗杆传动　　　(d)齿轮齿条传动

图 8-5　齿轮传动中常见的类型

一、直齿圆柱齿轮的基本参数

1. 齿数 z

齿数指一个齿轮轮齿的个数。

2. 模数 m

模数指齿距除以圆周率 π 得到的商,即 $m = p/\pi$,单位为 mm。模数是设计、制造和检测齿轮的重要参数。由 $m = p/\pi$,得到 $d = mz$,所以模数大,轮齿就大,齿轮的承载能力就大。为了便于设计、制造和检测,模数已标准化,如表 8-4 所示。

表 8-4　渐开线圆柱齿轮模数系列

第一系列	1.25　1.5　2　2.25　3　4　5　6　8　10　12　16　20　25　32　…　50
第二系列	1.75　2.25　2.75　(3.25)　3.5　(3.75)　4.5　5.5　(6.5)　…　45

3. 压力角 α

如图 8-6 所示,一对齿轮啮合时,轮齿在分度圆上啮合点 P 的受力方向(即渐开线齿廓曲线的法线方向)与该点的瞬时速度方向(分度圆的切线方向)所夹的锐角 α 称为压力角。我国规定的标准压力角 $\alpha = 20°$。两标准直齿圆柱齿轮的啮合条件为模数 m 和压力角 α 均相等。

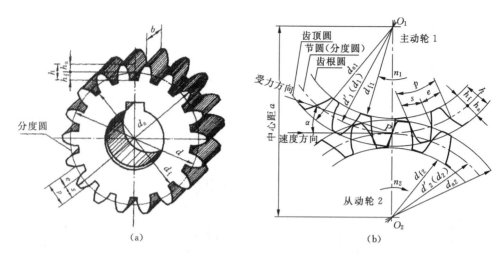

（a） （b）

图 8-6 直齿圆柱齿轮轮齿的各部分名称及代号

二、直齿圆柱齿轮轮齿的各部分名称及代号

直齿圆柱齿轮轮齿的各部分名称及代号如图 8-6 所示。

1. 齿顶圆

齿顶圆指通过轮齿顶部的圆,其直径用 d_a 表示, $d_a = m(z+2)$。

2. 齿根圆

齿根圆指通过轮齿根部的圆,其直径用 d_f 表示, $d_f = m(z-2.5)$。

3. 分度圆

分度圆是指一个约定的假想圆,在该圆上,齿槽宽 e 与齿厚 s 相等(s 与 e 均指弧长),其直径用 d 表示, $d = mz$。

4. 齿顶高

齿顶高指齿顶圆与分度圆之间的径向距离,用 h_a 表示, $h_a = m$。

5. 齿根高

齿根高指齿根圆与分度圆之间的径向距离,用 h_f 表示, $h_f = 1.25m$。

6. 齿高

齿高指齿顶圆与齿根圆之间的径向距离,用 h 表示,则 $h = h_a + h_f = 2.25m$。

7. 端面齿距(简称齿距)

端面齿距指在齿轮上两个相邻而同侧的端面齿廓之间的分度圆弧长,用 p 表示。

8.齿宽

齿宽指齿轮的有齿部位沿分度圆柱面的直母线方向量度的宽度,用 b 表示。

9.中心距

中心距指两圆柱齿轮轴线之间的距离,用 a 表示,$a=(d_1+d_2)/2=m(z_1+z_2)/2$。

三、直齿圆柱齿轮的规定画法

1.单个圆柱齿轮的规定画法

如图 8-7 所示:齿顶圆和齿顶线用粗实线画出;分度圆和分度线用细点画线画出;齿根圆和齿根线用细实线画出,也可省略不画;在剖视图中,齿根线用粗实线画出,这时不可省略;沿轴线剖切时,轮齿规定不剖。

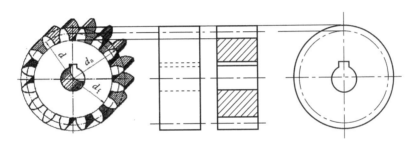

图 8-7　单个圆柱齿轮规定画法

2.两圆柱齿轮啮合的规定画法

如图 8-8 所示,在垂直于齿轮轴线的投影面的视图(投影反映为圆的视图)中:两齿轮的节圆应相切,齿顶圆均按粗实线绘制,如图 8-8(b)的左视图所示;在啮合区的齿顶圆也可省略不画,如图 8-8(c)的左视图所示;齿根圆全部省略不画。

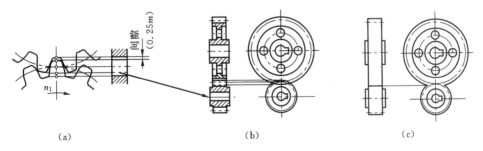

(a)　　　　　　　　　　(b)　　　　　　　　　　(c)

图 8-8　两圆柱齿轮啮合规定画法

在平行于齿轮轴线的投影面的视图(投影反映为非圆的视图)中,当采用剖视且剖切平面通过两齿轮的轴线时,如图 8-8(b)的主视图所示,在啮合区将一个齿轮的轮齿用粗实线绘制,另一个齿轮的轮齿被遮挡的部分用虚线绘制,虚线也可省略,如图 8-8(b)所示,值得注意的是,一轮的齿顶线与另一轮的齿根线之间,均应留有 $0.25m$ 的间隙,如图 8-8(a)所示。当不采用剖视而用外形图表示时,啮合区齿顶线不需画出,节线用粗实线绘制;非啮合区的节线还是用细点画线绘制,如图8-8(c)所示。

8.3 键连接和销连接

键是标准件,常用于连接轴和安装在轴上的传动件(如齿轮、皮带轮),传动件和轴一起转动,并要求传动件和轴之间不产生相对转动,保证两者同步旋转,以传递扭矩和运动。通常在传动件的轮毂和轴上分别加工出键槽,将键嵌入,用键将轮和轴连接起来进行传动,如图8-9所示。

图 8-9　键连接

一、键的类型及其标记

常用的键有普通型平键、普通型半圆键和钩头型楔键等,如表8-5所示。普通型平键除A型省略型号外,B型和C型要注出型号。

表 8-5　常用键的标记示例

名称	立 体 图	图 例	标 记 示 例
普通型平键			键　12×100　GB/T 1096—2003 表示键宽 $b = 12$ mm、键长 $l = 100$ mm 的圆头普通型平键
普通型半圆键			键　8×28　GB/T 1099.1—2003 表示键宽 $b = 8$ mm、直径 $d = 28$ mm 的普通型半圆键
钩头型楔键			键　12×100　GB/T 1565—2003 表示键宽 $b = 12$ mm、键长 $l = 100$ mm 的钩头型楔键

二、普通平键连接的画法

普通平键的尺寸和键槽的断面尺寸,可根据轴径 d 查手册得到,键的长度 l 应不大于轮毂的长度。

齿轮和轴上键槽的画法及尺寸标注,如图 8-10 所示。普通平键连接的装配图画法,如图 8-11 所示。

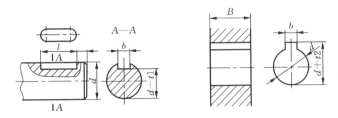

图 8-10 齿轮和轴上键槽的画法及尺寸标注

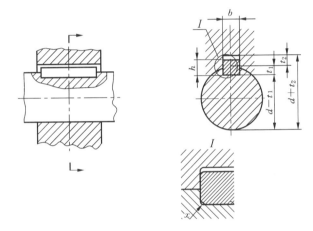

图 8-11 普通平键连接的装配图画法

三、销的类型及其标记

销是标准件,常用的销的种类有圆柱销、圆锥销和开口销,如表 8-6 所示。

表 8-6 常用销的标记示例

名 称	图 例	标 记 示 例	说 明
圆柱销		销 8m6×30 GB/T 119.1 表示公称直径 $d=8$,公差为 m6,长度 $l=30$,材料为钢,不经淬火、表面不经处理的圆柱销	GB/T 119.2—2000 中,淬硬钢按淬火方法不同,分为 A 型(普通淬火)和 B 型(表面淬火)
圆锥销	1:50	销 10×50 GB/T 117—2000 表示公称直径 $d=10$、公称长度 $l=50$、材料为 35 钢、热处理硬度 28-38 HRC、表面氧化处理的 A 型圆锥销	圆锥销按表面加工要求不同,分为 A 型(磨削),B 型(切削或冷镦)。 公称直径指小端直径

续表

名　称	图　例	标记示例	说　明
开口销	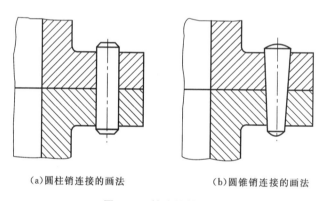	销 5×40　GB/T 91—2000 表示公称直径为 $d=5$、公称长度 $l=40$、材料为 Q215 或 Q235、不经表面处理的开口销	公称直径等于销孔的直径

四、销连接的画法

销连接的画法如图 8-12 所示。

（a）圆柱销连接的画法　　　　　（b）圆锥销连接的画法

图 8-12　销连接的画法

8.4　滚动轴承

轴承是用来支承轴的,分为滑动轴承和滚动轴承两大类。滚动轴承由于摩擦阻力小、结构紧凑等优点,在机器中被广泛应用。

一、滚动轴承的结构

滚动轴承的结构一般由四部分组成,现以图 8-13 所示的球轴承来说明。

（1）内圈:套装在轴上,随轴一起转动。

（2）外圈:装在机座孔中,一般固定不动或偶作少许转动。

（3）滚动体:装在内、外圈之间的滚道中,滚动体可做成球或滚子(圆柱、圆锥或针状)形状。

（4）保持架:用于均匀隔开滚动体,故又称隔离圈。

外圈
滚动体
内圈
保持架

图 8-13　滚动轴承结构

二、滚动轴承的简化画法和规定画法（GB/T 4459.7—1998）

1. 简化画法

用简化画法画滚动轴承时，应采用通用画法或特征画法，但在同一图样中一般只采用其中一种画法。

1）通用画法

在剖视图中，当不需要确切表示滚动轴承的外形轮廓、载荷特性、结构特性时，可用矩形线框及位于线框中央正立的不与矩形线框接触的十字形符号表示，如图 8-14 所示。

2）特征画法

在剖视图中，如需较形象地表示滚动轴承的结构特性时，可采用在矩形线框内画出其结构要素符号的方法表示，如图 8-15 所示。

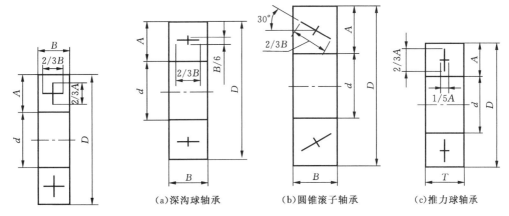

（a）深沟球轴承　　　（b）圆锥滚子轴承　　　（c）推力球轴承

图 8-14　滚动轴承通用画法　　　　图 8-15　滚动轴承特征画法

2. 规定画法

必要时，在滚动轴承的产品图样、产品样本、产品标准、产品使用说明书中采用，如图 8-16 所示。规定画法一般画在轴的一侧，另一侧按通用画法画出。

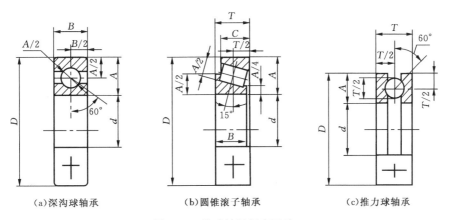

（a）深沟球轴承　　　（b）圆锥滚子轴承　　　（c）推力球轴承

图 8-16　滚动轴承规定画法

8.5 弹簧

弹簧是用途很广的常用件。它主要用于减振、夹紧、储能和测力等。弹簧的特点是除去外力后,能立即恢复原状。弹簧的种类很多,常见的有圆柱螺旋弹簧、板弹簧、平面涡卷弹簧等。圆柱螺旋弹簧又分为压缩弹簧、拉伸弹簧和扭转弹簧。常见的弹簧种类如图8-17所示。本节主要介绍圆柱螺旋压缩弹簧的参数计算和规定画法。

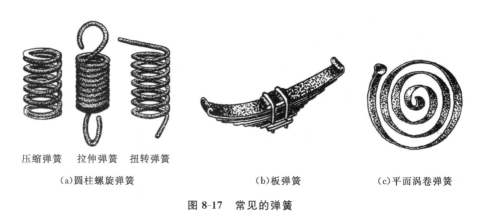

压缩弹簧　拉伸弹簧　扭转弹簧

(a)圆柱螺旋弹簧　　　　　　　(b)板弹簧　　　　　　　(c)平面涡卷弹簧

图 8-17　常见的弹簧

圆柱螺旋压缩弹簧的规定画法如图8-18所示。

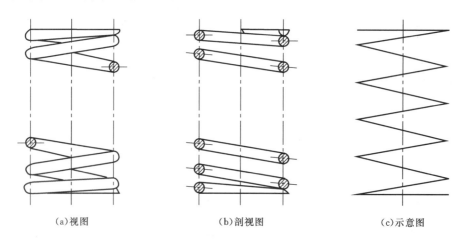

(a)视图　　　　　　　(b)剖视图　　　　　　　(c)示意图

图 8-18　圆柱螺旋压缩弹簧的规定画法

平行于轴线的投影面上的视图中,各圈的轮廓不必按螺旋线的真实投影画出,可用直线画出。有效圈数在四圈以上,允许两端只画两圈(不包括支承圈),中间各圈只需用通过簧丝断面中心的两条细点画线连起来,省略后允许适当缩短图形长度,但要注明设计要求的弹簧自由高度。图中旋向均可画成右旋,但左旋弹簧不论画成左旋或右旋,一律要注出旋向"左"字。

在装配图中:被弹簧挡住的结构一般不画;可见部分应从弹簧的外轮廓线或弹簧钢丝断面的中心线(中径处)画起;当弹簧钢丝直径在图形上不大于2 mm时,允许断面涂黑或用示意画法画出,如图 8-19 所示。

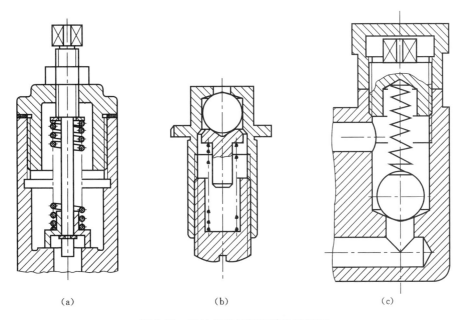

(a)   (b)   (c)

图 8-19　圆柱螺旋压缩弹簧的装配图

第9章 零件图

任何机器或部件都是由若干个零件按一定的装配关系和技术要求装配而成的,因此零件是组成机器或部件的基本单元。表达零件结构形状、尺寸和技术要求的图样称为零件工作图(简称零件图)。本章主要介绍零件图的内容,并能识读较简单的零件图。

9.1 零件图的作用和内容

零件图是设计部门提交给生产部门的重要技术文件,它反映了设计者的意图,表达了对零件的要求(包括对零件的结构要求和制造工艺的可能性、合理性要求等),是制造和检验零件的依据。

图 9-1 所示为电动机主轴零件图。从图中可以看出,零件图一般应包括以下四方面内容。

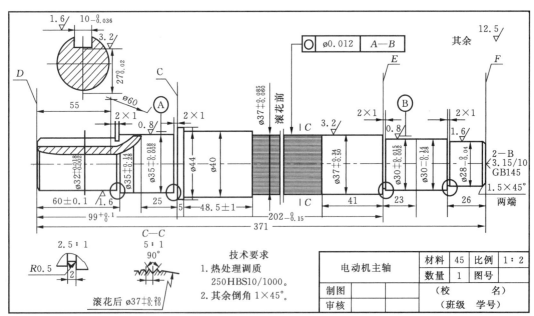

图 9-1 电动机主轴零件图

一、图形

用一组图形(包括各种表达方法)准确、清楚和简便地表达出零件的结构形状。如图9-1

所示,用一个基本视图、一个断面图和两个局部放大图表达了电动机主轴的结构形状。

二、尺寸

正确、完整、清晰、合理地标注出零件各部分的大小及其相对位置尺寸,即提供制造和检验零件所需的全部尺寸。如图 9-1 中所标注的尺寸。

三、技术要求

将制造零件应达到的质量要求(如表面粗糙度、尺寸公差、形位公差、材料、热处理及表面镀、涂处理等),用一些规定的代(符)号、数字、字母或文字,准确、简明地表示出来。

不便用代(符)号标注在图中的技术要求,可用文字注写在标题栏的上方或左方。如图 9-1 所示。

四、标题栏

标题栏应配置在图框的右下角,主要填写零件的名称、材料、数量、图号、比例及设计、审核、批准者的姓名、日期等。

9.2 零件图上的技术要求

一张完整的零件工作图,除了表达零件的结构形状的一组图形和表达其大小的一组尺寸外,还应使用各种符号或文字来注明该零件的技术要求,技术要求主要是指零件或机器在加工过程中需要达到的精度要求,如极限与配合、形状和位置公差、表面粗糙度等。

一、极限与配合

在零件的加工过程中,由于受到机床、刀具、测量和操作者技术水平等方面的影响,加工出来的零件尺寸不可能绝对准确,必然存在着一定的误差。为了既保证使用,又便于加工;必须允许零件的实际尺寸有一定的变动范围,这个允许尺寸的变动量称为尺寸公差,简称公差。设计时给定的尺寸为基本尺寸。允许零件尺寸变化中较大的一个界限值称为最大极限尺寸;较小的一个称为最小极限尺寸。极限尺寸减其基本尺寸所得代数差称为极限偏差,极限偏差分为上偏差和下偏差。尺寸公差在零件图中的标注可用图 9-2 中的三种形式。

图 9-2(a)中的 ø50H8,ø50 指孔的基本尺寸;H8 表示孔的公差带代号,H 是孔的基本偏差代号,8 是标准公差等级代号。

图 9-2(a)中的 ø50f7,ø50 指孔的基本尺寸;f7 表示轴的公差带代号,f 是轴的基本偏差代号,7 是标准公差等级代号。

由轴和孔的公差带代号通过相关手册可查得上下偏差值,如图 9-2(b)所示。图中 $ø50^{-0.025}_{-0.050}$ 指轴的基本尺寸为 ø50 mm,上偏差为 −0.025 mm,下偏差为 −0.050 mm。

最大极限尺寸＝基本尺寸＋上偏差＝ø50 mm＋(−0.025 mm)＝ø49.975 mm

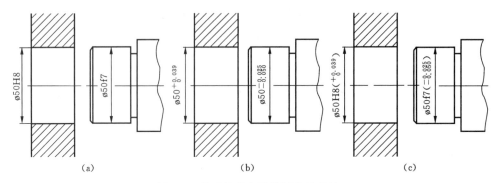

图 9-2　尺寸公差在零件图中的标注

最小极限尺寸＝基本尺寸＋下偏差＝ø50 mm＋(－0.050 mm)＝ø49.950 mm

公差 ＝最大极限尺寸－最小极限尺寸＝ø49.975 mm－ø49.950 mm＝0.025 mm

公差 ＝上偏差－下偏差＝(－0.025 mm)－(－0.050 mm)＝0.025 mm

基本尺寸相同的,相互结合的孔和轴公差带之间的关系称为配合。根据使用要求相互结合孔与轴公差带之间的不同,国家标准规定配合分成三类:间隙配合、过盈配合、过渡配合。配合代号由相配的孔和轴的公差带代号组成,用分数的形式写在基本尺寸的右边,分子为孔的公差带代号,分母为轴的公差带代号,如图 9-3 中的 ø50H8/f7,也可以写成图 9-3(a)、(c)的形式,由图 9-3(c)的标注可知,所有孔的尺寸都大于轴的尺寸,故其配合为间隙配合。

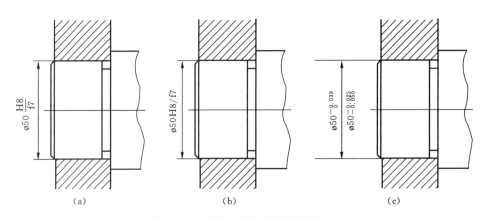

图 9-3　尺寸公差在装配图中的标注

二、形状公差和位置公差

形状公差和位置公差简称形位公差,它是指零件的实际形状和位置相对理想形状和位置的允许变动量。零件加工后,不仅存在尺寸误差,而且还会产生几何形状和相互位置误差。因此,对加工的零件要根据实际需要,在图纸上注出相应的形状和位置公差。表 9-1 所示为各形位公差特征项目及符号。

如图 9-4(a)所示的标注,表示 ø20 圆柱体轴线的直线度公差为 ø0.05 mm。

如图 9-4(b)所示的标注,表示 ø20 圆柱面的任意素线的直线度公差为 0.05 mm 和任意截面上的圆度公差为 0.05 mm。

表 9-1 形位公差特征项目及符号

分 类	名 称	符 号	分 类	名 称	符 号
形状公差	直线度	⎯	位置公差	平行度	//
	平面度	▱	定向	垂直度	⊥
	圆 度	○		倾斜度	∠
	圆柱度	⌀	定位	同轴度	◎
	线轮廓度	⌒		对称度	=
	面轮廓度	⌓		位置度	⊕
			跳动	圆跳动	↗
				全跳动	↗↗

如图 9-4（c）的标注，表示 ⌀32 圆柱体轴线对 ⌀20 圆柱体轴线的同轴度公差为 ⌀0.05 mm。

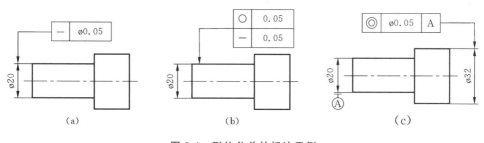

图 9-4 形位公差的标注示例

三、表面结构要求

零件在加工时,由于刀具在零件表面上留下的刀痕、切削时表面金属的塑性变形和机床的震动等因素的影响,使零件表面存在着间距较小的轮廓峰谷,它对零件的使用寿命、零件间的配合以及外观质量等都有一定的影响。表面结构参数(即微观几何特征的参数)是评定零件表面质量的重要指标之一。

1. 表面结构要求的评定参数

工作情况不同,对零件表面结构要求也各有不同。评定表面结构要求的主要高度参数有轮廓算术平均偏差(Ra)和轮廓最大高度(Rz)。在零件图中多采用轮廓算术平均偏差(Ra)值,它是在取样长度内被测轮廓线上各点至基准线的 y_i 的算术平均值,可用下式表示

$$Ra = \frac{1}{n} \sum_{i=1}^{n} |y_i| \quad (\text{单位}:\mu m)$$

2. 表面结构的图形符号、代号

《产品几何技术规范(GPS) 技术产品文件中表面结构的表示法》(GB/T 131—2006)中规定,表面结构的图形符号分为基本图形符号、扩展图形符号、完整图形符号三种,对相同的表面结构要求,标准也做了明确规定,如表9-2所示。表面结构代号由规定的图形符号和有关参数值组成,表9-3所示为表面结构要求高度参数值的标注示例。

表 9-2　表面结构要求的图形符号

分　类	图 形 符 号	意　　义	画　　法
基本图形符号		基本图形符号,仅用于简化代号标注,没有补充说明时不能单独使用	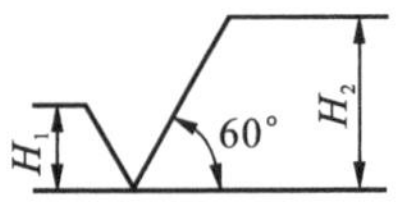 $H_1 = 1.4h$,$H_2 = 3h$,h 为字高
扩展图形符号		表示表面结构要求是用去除材料的方法获得,如车、铣刨、磨、钻等加工	基本图形符号加一短画
		表示表面结构要求是用不去除材料的方法获得,如铸、锻、冲压、热轧、冷轧等加工	基本图形符号加一圆
完整图形符号		用于注写表面结构参数和数值、加工方法、表面纹理方向、加工余量等内容	在基本符号的长边上加一横线
相同要求的符号	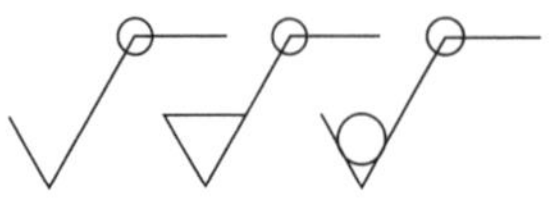	表示视图上封闭轮廓的各表面有相同的表面结构要求	在图形符号长边和横线的交点画一小圆圈

表 9-3　表面结构要求高度参数值的标注示例及其意义

代　　　号	意　　　义
$\sqrt{}$ Ra3.2	用任何方法获得的表面,Ra 的上限值为 3.2 μm
$\sqrt{}$ Ra3.2	用去除材料的方法获得的表面,Ra 的上限值为 3.2 μm
$\sqrt{}$ Ra3.2	用不去除材料的方法获得的表面,Ra 的上限值为 3.2 μm
$\sqrt{}$ Ra3.2 Ra1.6	用去除材料的方法获得的表面,Ra 的上限值为 3.2 μm,下限值为 1.6 μm
$\sqrt{}$ Rz200	用不去除材料的方法获得的表面,Rz 的上限值为 200 μm

3. 表面结构的代号(符号)的标注

(1)在零件图中,表面结构要求对每个表面一般只标注一次,表面结构要求可以标注在轮廓线或轮廓延长线上,也可标注在指引线上、标注在特征尺寸的尺寸线上、标注在形位公差框格上等,如图 9-5 所示。

(2)表面结构图形符号不应倒着标注,也不应指向左侧标注,遇到这种情况时应采用指引线标注,如图 9-5(a)、(b)所示,指引线应带箭头,但对于标注在轮廓线以内的指引线,其端部不带箭头,而带圆点。

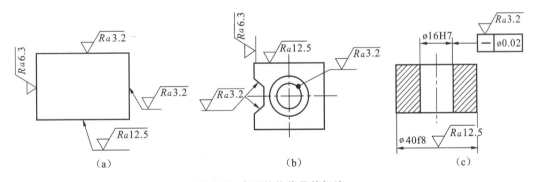

图 9-5　表面结构代号的标注

(3)如果工件的全部表面有相同的表面结构要求,或部分表面有相同的表面结构要求时,表面结构符号统一标注在图样标题栏附近。

(4)如果在工件的多数表面(除全部表面有相同要求的情况外),表面结构要求的符号后面在圆括号内给出无任何其他标注的基本符号,如图 9-6(a)所示;或在圆括号内给出不同的表面结构要求如图 9-6(b)所示。

(5)当多个表面有共同的表面结构要求或图纸空间有限时,可以采用简化注法。可用带字母的完整符号,以等式的形式,在图形或标题栏附近进行简化标注,如图 9-6(c)所示;也可只用表面结构符号进行简化标注,如图 9-6(d)所示。

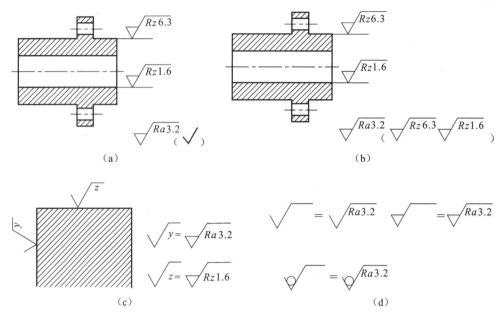

图 9-6　表面结构要求的简化标注

9.3　零件的工艺结构

零件的结构和形状,不仅要满足零件在机器中的使用要求,而且在制造零件时还要符合制造工艺要求。零件的工艺结构,多数是在生产过程中满足加工和装配要求而设置的。因此,在设计和绘制零件工作图时,必须把这些工艺结构绘制或标注在零件工作图上,以便于加工和装配。

一、铸件工艺结构

1.拔模斜度

在铸件成形时,为了方便取模,在铸件的内、外壁沿起模方向应有 1:20 的斜度,这个斜度称为拔模斜度。铸造零件的拔模斜度在图中可不画、不标注,必要时可在技术要求或图形中注明,如图 9-7 所示。

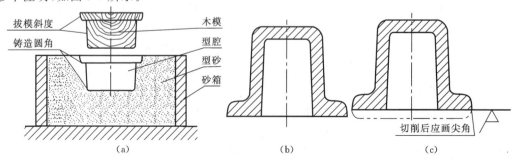

图 9-7　铸件的拔模斜度和铸造圆角

2. 铸造圆角

为了便于铸件成形后拔模,避免铸件冷却时产生裂纹和缩孔,在铸件表面转折处应制成圆角,这种圆角称铸造圆角,如图 9-7 所示。但经过切削加工后的转折处则应画成尖角,因为这时圆角已被切削掉。

由于铸件或锻件毛坯表面的转角处有圆角,因此其表面交线模糊不清,为了便于看图仍然要画出交线,但交线两端空出不与轮廓线的圆角相交,这种交线称为过渡线。图 9-8、图 9-9 所示为常见过渡线的画法。

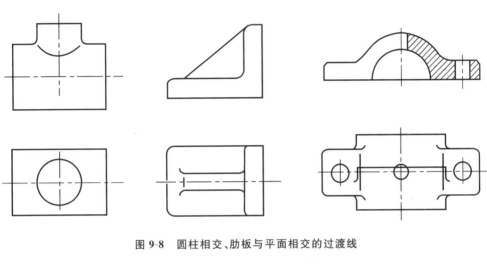

图 9-8　圆柱相交、肋板与平面相交的过渡线

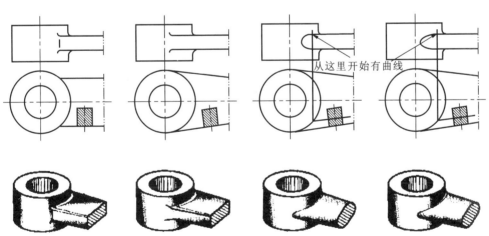

图 9-9　连杆头与连杆相交、相切

3. 各种孔的旁注法

常见孔的尺寸注法如表 9-4 所示。

表 9-4 常见孔的尺寸注法

类型		标注方法			说　明
		旁　注　法		普　通　注　法	
阶梯孔	柱形沉孔	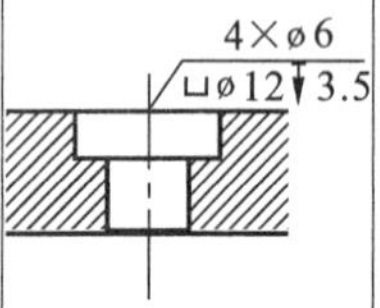 4×ø6 ⊔ø12↧3.5	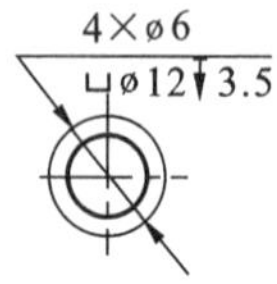 4×ø6 ⊔ø12↧3.5	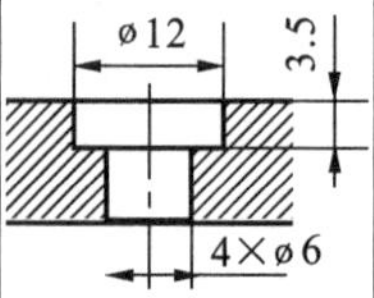 ø12　3.5 4×ø6	⊔ø12↧3.5表示锪平大孔直径为 12 mm,深度 3.5 mm;4×ø6 表示小孔直径为 6 mm,均匀分布的 4 个螺孔
螺孔	不通孔	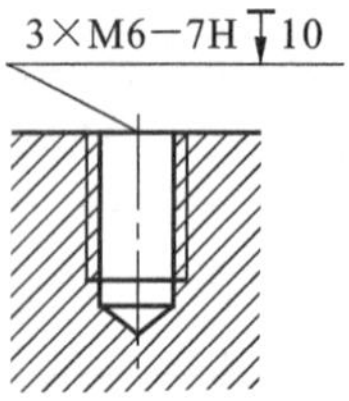 3×M6−7H↧10	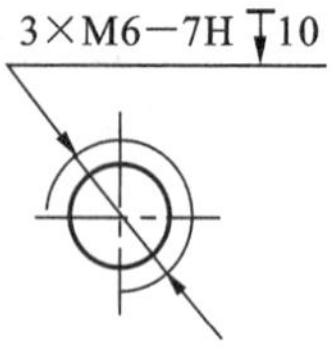 3×M6−7H↧10	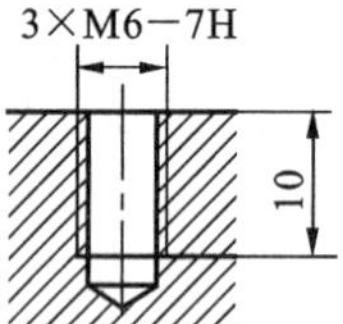 3×M6−7H 10	螺孔深度可以与螺孔直径连注,也可以分开注出
		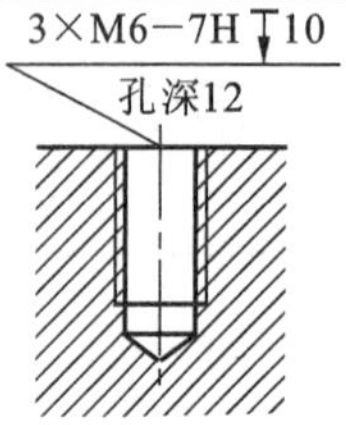 3×M6−7H↧10 孔深12	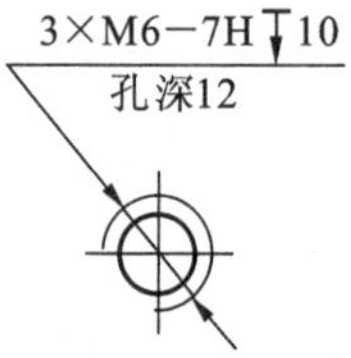 3×M6−7H↧10 孔深12	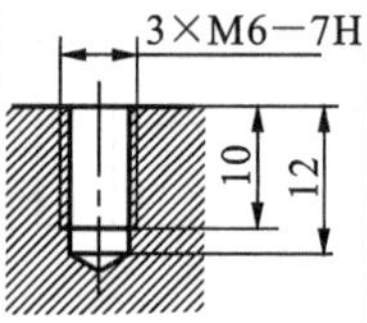 3×M6−7H 10　12	需要注出钻孔深度时,应明确注出孔深尺寸
光孔	一般孔	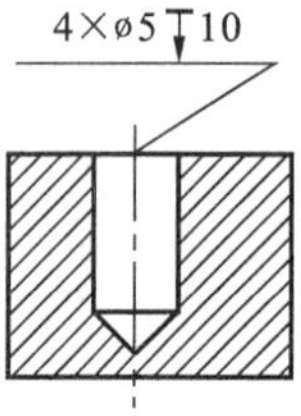 4×ø5↧10	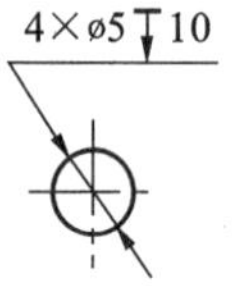 4×ø5↧10	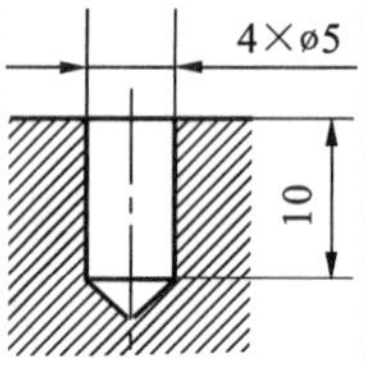 4×ø5 10	4×ø5 表示直径为 5 mm 均匀分布的 4 个光孔 孔深可与孔径连注,也可以分开注出
	精加工孔	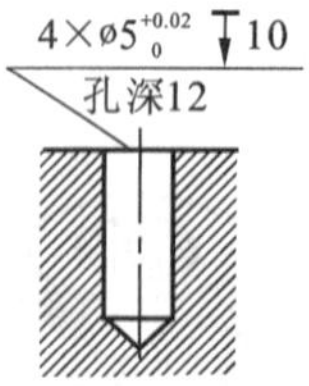 4×ø5$^{+0.02}_{0}$↧10 孔深12	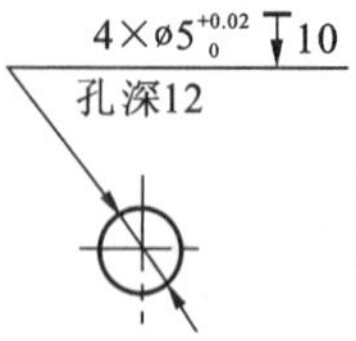 4×ø5$^{+0.02}_{0}$↧10 孔深12	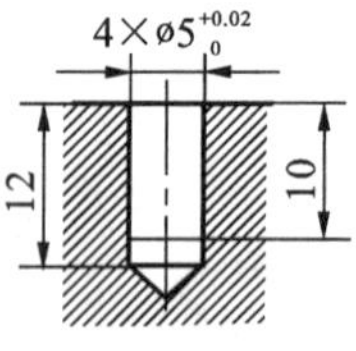 4×ø5$^{+0.02}_{0}$ 12　10	光孔深为 12 mm,钻孔后需精加工至 ø5$^{+0.012}_{0}$,深 10 mm

4.铸件壁厚

铸件壁厚若不均匀,液态金属的冷却速度就不一样,容易形成缩孔或产生裂纹,如图 9-10(b)所示。在设计铸件时,壁厚应尽量均匀或逐渐过渡,如图 9-10(a)、(c)所示。为保证铸件液态金属的流动性,铸件的壁厚不应小于 3~8 mm。

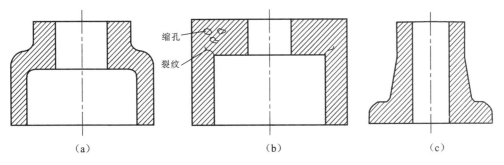

图 9-10　铸件壁厚要均匀或逐渐变化

二、零件机械加工工艺结构

1. 倒角和圆角

为了去除零件加工表面转角处的毛刺、锐边和便于零件装配，一般在轴和孔的端部加工出 45°倒角；为了避免阶梯轴轴肩的根部因应力集中而容易断裂，故在轴肩的根部加工成圆角，如图 9-11 所示。

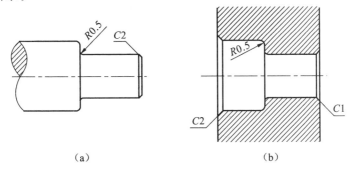

图 9-11　倒角和圆角的画法

轴、孔的标准倒角和圆角的尺寸可由国家标准《零件倒圆与倒角》(GB/T 6403.4—2008)查得。其尺寸标注方法如图9-8所示。零件上倒角尺寸全部相同时，可在图样的技术要求中注明"全部倒角 C×(×为倒角的轴向尺寸)"；当零件倒角尺寸无一定要求时，则可在技术要求中注明"锐边倒钝"。

2. 退刀槽或越程槽

在切削加工中，为了使刀具易于退出，并在装配时容易与有关零件靠紧，常在加工表面的台肩处先加工出退刀槽或越程槽。常见的有螺纹退刀槽、砂轮越程槽、刨削越程槽等，如图 9-12 所示，图中的数据可由相关的标准中查取。退刀槽的尺寸标注形式，一般可按"槽宽×直径"或"槽宽×槽深"标注。越程槽一般用局部放大图画出。

3. 凸台、凹坑

为了保证两零件表面接触良好，以及尽可能减少加工面和接触面，降低生产成本，一般在零件的表面制成凸台或凹坑等结构，如图 9-13 所示。

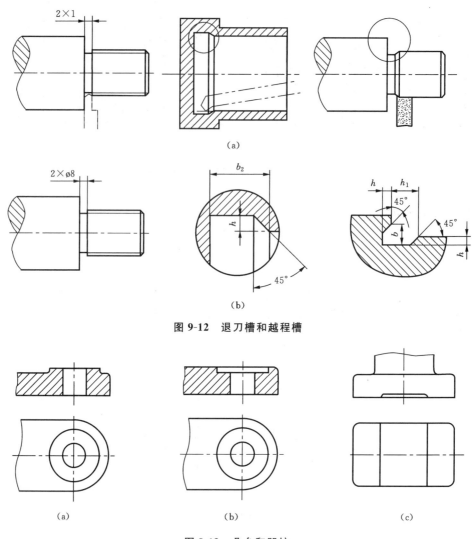

图 9-12   退刀槽和越程槽

图 9-13   凸台和凹坑

4.钻孔结构

在钻孔时,为了使钻头与钻孔端面垂直,对斜孔、曲面上的孔应制成与钻头垂直的凸台或凹坑,如图 9-14 所示。

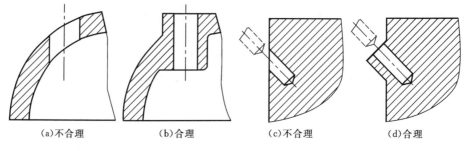

图 9-14   钻孔结构

9.4 识读零件图

识读零件图的目的是根据零件图想象零件的结构形状、了解零件的尺寸和技术要求。识读零件图时，应尽量了解零件在机器或部件中的位置、作用，以及和其他零件的关系，以便于理解和读懂零件图。

识读零件图的方法和步骤是：一看标题栏，了解零件概貌；二看视图，分析零件结构形状；三看尺寸标注和技术要求，明确各部分结构大小及相对位置，掌握质量要求。下面以托板为例，分析识读零件图的方法和步骤。

一、概括了解

托板的零件图如图 9-15 所示，从标题栏可以看出，零件的名称是托板，该零件所用的材料为 08F（优质碳素结构钢），绘图的比例为 1:1。

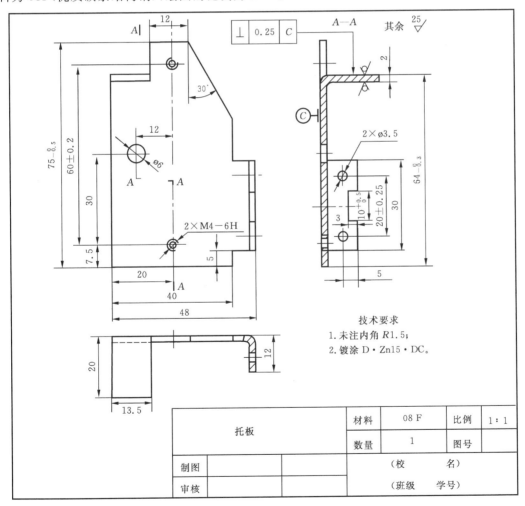

图 9-15　托板的零件图

二、视图表达和零件结构形状分析

该零件用了主视图、俯视图和左视图表达其结构,其中俯视图采用了局部剖视图(单一剖切平面),以表达 2×ø3.5 孔;左视图采用了全剖视图(两平行剖切平面),以表达 ø6 孔和 2×M4-6H 螺孔。

从以上三个视图不难看出,该零件为钣金件,由厚度为 2 mm 的板料冲压而成。

三、尺寸和技术要求分析

该零件的总体尺寸为 48、20 和 $75_{-0.5}^{0}$。托板通过 2×M4-6H 螺孔与机壳连接,为保证安装精度标出了有公差要求的定位尺寸 60±0.2。在 2×ø3.5 孔上需要安装其他零件,故安装孔的中心距也有公差要求,即尺寸 20±0.25。另外,水平折弯的高度根据托板的工作要求也标注了尺寸公差,即尺寸 $64_{-0.3}^{0}$。主视图上左上圆孔的定形尺寸为 ø6,定位尺寸为 30 和 12。其他尺寸读者可自行分析。

该零件板料两侧面的表面粗糙度要求为 ⩗,其他各表面的表面粗糙度要求为 $\frac{25}{⩗}$。该零件水平折弯的上表面相对于零件后面的垂直度公差值为 0.25 mm。

9.5 计算机绘制零件图的方法

为了进一步提高 AutoCAD 综合应用能力,高效绘制各种复杂的机械零件图,本节系统地讲述绘制零件图的要点和主要过程。

(1)调用模板图或设置绘图环境。绘图环境可包括建立模板图时介绍的全部内容。

(2)对零件进行形体分析。根据零件的结构特点将其分为几部分,确定各部分的绘图顺序。

(3)绘制布局线。在 AutoCAD 中打开正交工具用 LINE(直线)或 XLWh(构造线)命令画布局线。

(4)画各视图的主要轮廓线及定位线。与手工画图相同,要先画主要轮廓线,后画细节。

(5)画细节。细节包括凸台、小孔、圆角、倒角等。凸台、小孔主要用偏移和修剪命令绘制,圆角、倒角分别用圆角和倒角命令绘制。

(6)绘制波浪线、剖面线。绘制剖面线以前可以先关闭中心线层,以免中心线干扰选择填充边界。

(7)标注尺寸、填写技术要求。

在此需要强调的内容就是对零件中过渡线、铸造圆角、局部放大图、局部剖视图等画法的掌握,学会运用尺寸公差标注、倒角标注、粗糙度标注、半剖视图标注、尺寸界线与尺寸线倾斜标注、形位公差和基准符号标注等。

一、绘制

1.过渡线与铸造圆角的绘制

选择"修改"→"圆角"命令,或在命令行输入"fillet",或单击绘图工具栏中"![]"按钮。如图 9-16 所示为常见的一些情况。

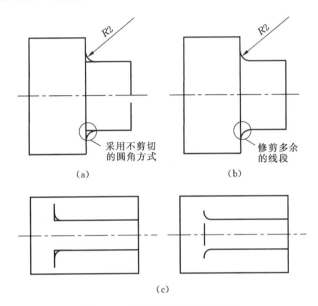

图 9-16　画过渡线与铸造圆角

2.局部放大图的绘制

选择"修改"→"缩放"命令,或在命令行输入"scale",或单击绘图工具栏中"![]"按钮。具体操作如图 9-17 所示。

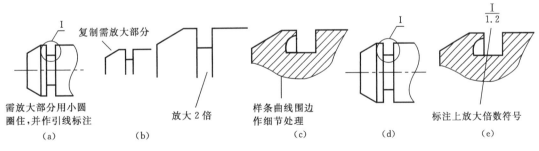

图 9-17　画局部放大图

3.局部剖视图的绘制

一般用样条曲线做成剖切界线,用图案填充剖面线,如图 9-18 所示。

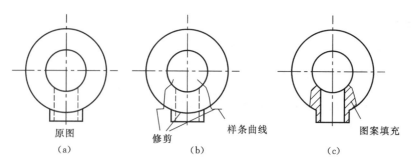

原图
（a）

修剪　样条曲线
（b）

图案填充
（c）

图 9-18　画局部剖视图

二、标注

1. 半剖视图的标注

要标注如图 9-19 所示的尺寸,关键是要在"修改标注样式:ISO-25"对话框架中作如图 9-20 所示的设置。

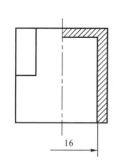

图 9-19　半剖视图的标注

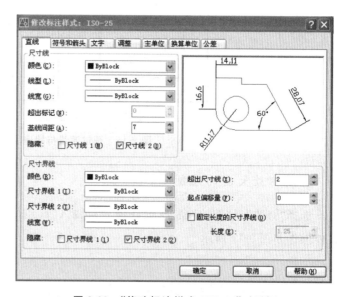

图 9-20　"修改标注样式:ISO-25"对话框

2. 尺寸界线与尺寸线倾斜标注

尺寸界线与尺寸线倾斜标注,如图 9-21 所示。

单击" A "工具,命令行出现提示语言:

命令: _dimedit

输入标注编辑类型 [默认(H)/新建(N)/旋转(R)/倾斜(O)] <默认>:

输入 O,按 Enter 键。

选择对象:选取 9-18(a)中尺寸 ø30,按 Enter 键。

输入倾斜角度（按 ENTER 表示无）: 45

结果如图9-21(b)所示。尺寸界限的倾斜角度值,是指界限与X轴正方向的夹角。

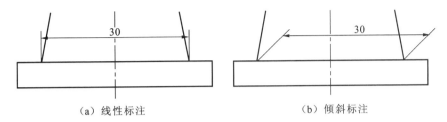

（a）线性标注　　　　　　　　（b）倾斜标注

图 9-21　尺寸界线倾斜标注

3.尺寸公差

例如,试将图9-22中的 $\varnothing 58^{-0.009}_{-0.021}$ 进行标注。

用堆叠文字的方法标注尺寸公差是最简捷的。单击"**←→**"按钮,执行 dimlinear 命令,AutoCAD 提示:

命令: dimlinear

指定第一条尺寸界线原点或＜选择对象＞: ——捕捉第1点

指定第二条尺寸界线原点: ——捕捉第2点

指定尺寸线位置或[多行文字(M)/文字(T)/角度(A)/水平(H)/垂直(V)/旋转(R)]:M

按 Enter 键。

出现"文字格式"对话框,输入 $\varnothing 58-0.009^\wedge-0.021$,如图 9-23 所示。

图 9-22　尺寸公差

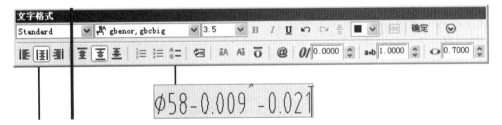

图 9-23　"文字格式"对话框

用光标选择文字"−0.009^−0.021",如图 9-24 所示。

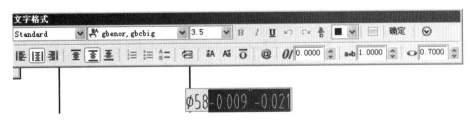

图 9-24　选择文字

单击"♭"按钮,结果如图 9-25 所示。

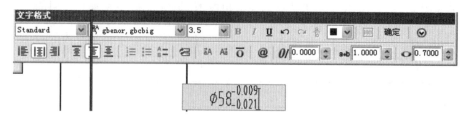

图 9-25 堆积文字

单击"确定"按钮,退出对话框,得到如图 9-26 所示结果。

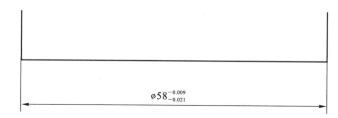

图 9-26 结果

三、表面结构

表面结构的图形符号是机械绘图中常见的标注内容,如图 9-27 所示。在机械零件图中,表面结构值有 0.8、1.6、3.2、6.3、12.5、25 等几种,绘图时常将表面结构的图形符号定义成图块,如果图块中定义属性,AutoCAD 将自动提示输入的数值,标注时直接插入该图块即可。下面以定义表面结构的图形符号图块为例说明操作方法。

使用图块的属性有以下五个步骤:

(1)绘制表面结构的符号;

(2)定义属性;

(3)为图块附加属性;

(4)插入图块时确定属性值;

(5)块属性的修改。

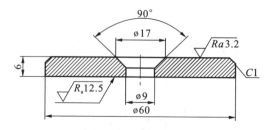

图 9-27 表面结构要求标注示例

1.绘制符号

参照国家标准 GB/T 131—2006 对表面结构的图形符号的画法规定,画出如图 9-28 所示图形。

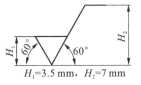

图 9-28   图形符号

2.定义属性

定义粗糙度属性的要求如下。

(1)在表面粗糙度符号上显示标记"*Ra*","*Ra*"代表表面粗糙度值的填写位置,插入带属性的图块时,输入的值将代替该标记。

(2)数字设置默认为左对齐,避免数字与表面粗糙度符号的长边线相交。

(3)字体高度应设置为 3.5。

定义属性的具体方法如下。

①选择"绘图"→"块"→"定义属性"命令,如图 9-29 所示,执行定义属性的 ATTDEF 命令,打开"属性定义"对话框,如 9-30 所示。

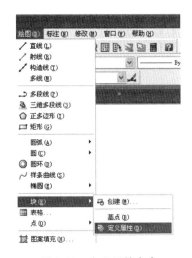

图 9-29   定义属性命令

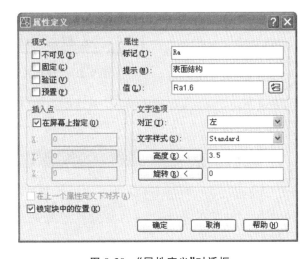

图 9-30   "属性定义"对话框

②在"属性"中设置属性参数,包括标记、提示和值。

在"标记"文本框中输入"Ra"。

在"提示"文本框中输入"表面结构"。

在"值"文本框中输入"Ra1.6(或 Rz)",即表面结构的默认值。

③在"文字选项"中设置属性定义中的文本的样式。

在"对正"下拉列表中选择属性文字相对于插入点的排列方式为左。

在"文字式样"下拉列表中选择文字式样为 Standard,字体高度已经设置为 3.5。

单击"确定"按钮,退出"属性定义"对话框,完成属性设置。

3.为图块附加属性

定义了一个标记为"*Ra*"的属性后,还要将属性和表面结构符号一起定义为一个图块,才能为图块附加属性,在插入表面结构符号时才能输入 Ra 的值。

单击"⊡"按钮,即执行 BLOCK 命令,系统打开"块定义"对话框,如图 9-31 所示。将图块的名称设为"ccdRa"。单击"拾取点"按钮,捕捉插入基点位置(三角的下尖点),单击"对象选择"按钮,选择作为图块的对象(将图形对象和 Ra 属性全部选中入)。

图 9-31 "块定义"对话框

完成图块定义后,单击"块定义"对话框中的"确定"按钮,打开如图 9-32 所示的"编辑属性"对话框。

图 9-32 "编辑属性"对话框   图 9-33 有属性值的块

单击"确定"按钮,"Ra"的属性标记已经被输入的"$Ra1.6$"代替,如图 9-33 所示。

4. 插入带属性的图块

单击插入图块"⊡"按钮,显示"插入"对话框,如图 9-34 所示。

从"名称"下拉列表中选择"CCdRa",单击"确定"按钮,退出"插入"对话框。根据 Auto-CAD 命令对话的提示,输入有关参数。

结果如图 9-35 所示,插入了带属性的块。

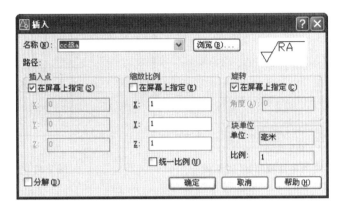

图 9-34 "插入"对话框

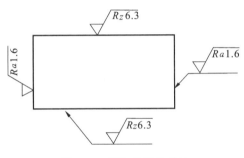

图 9-35 插入带属性的块

5.块属性的修改

已插入的带有属性的块,还可利用"编辑属性"命令对其属性值进行修改,可采用以下方法之一激活"编辑属性"命令。

命令:eattedit

选择"修改"→"对象"→"属性"→"单个"命令。

快捷菜单:选择要修改属性的块,单击右键。

在弹出的菜单中选择"编辑属性"选项。在选择了带有属性的块后,出现了如图 9-36 所示的"增强属性编辑器"对话框。

对话框中有"属性"、"文字选项"和"特性"三个选项卡,各选项卡中均列出该块中的所有属性,在各选项卡中分别对各属性进行修改后,单击"确定"按钮,关闭对话框,结束编辑属性命令。

四、形位公差

在零件图中,常常需要标注形位公差,如图 9-37 所示。采用快速引线标注公差,步骤如下。

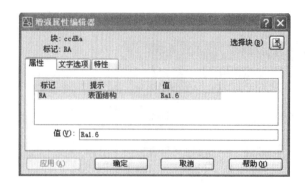

图 9-36 "增强属性编辑器"对话框

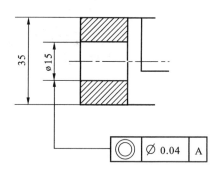

图 9-37 形位公差

1. 设置快速引线为公差标注类型

单击"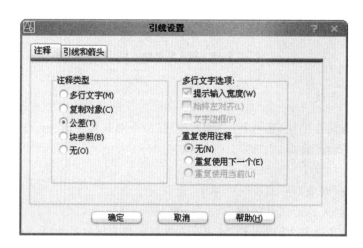"按钮或输入快速引线命令 qlerder,对提示直接回车,出现"引线设置"对话框,在"注释"选项卡上选择"注释类型"为"公差",如图 9-38 所示;在"引线和箭头"选项卡上选择"引线"为"直线","点数"为"最大 3","箭头"为"实心闭合","角度约束"第一段为"任意角度",第二段为"水平",如图 9-39 所示 。完成后单击对话框中的"确定"按钮,返回到主提示。

图 9-38 注释设置

2. 确定引线位置,输入形位公差参数

跟随命令行中的提示:

```
命令:_qleader
指定第一个引线点或 [设置(S)] <设置>:
指定第一个引线点或 [设置(S)] <设置>:  捕捉尺寸线端点;
```

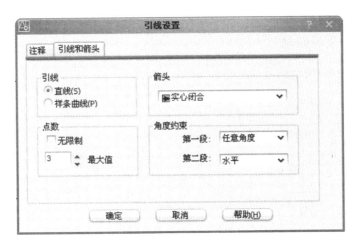

图 9-39　引线设置

```
指定第一个引线点或 [设置(S)] <设置>:
指定第一个引线点或 [设置(S)] <设置>: _nea 到
指定下一点:
```
确定垂线位置（打开状态栏中的正交），
第三点可以任意指定。

引线画完后弹出"引线设置"对话框，在对话框的"符号"上单击弹出"特征符号"对话框，如图 9-40 所示，在其中单击要选的形位公差符号，则在"形位公差"对话框的"符号"框内显示所选符号。在公差 1（或公差 2）的文本框中键入公差数值，在公差值文本框的前面有一个黑框，单击此黑框，可加入直径符号"ø"，在基准 1（或基准 2 或记准）的文本框中键入基准代号，如图 9-41 所示，然后单击"确定"按钮，得到图 9-37 所示的结果。

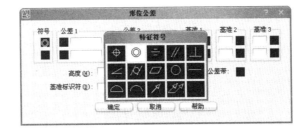

图 9-40　设置符号

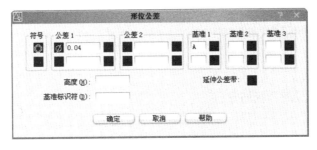

图 9-41　输入参数

"形位公差"对话框中的"高度"、"延伸公差带"、"基准标示符"在我国公差标准中没有采用。

3.基准面符号的画法

绘制如图 9-42(a)所示的基准面符号,步骤如下。

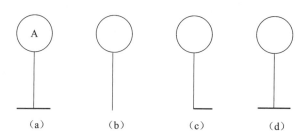

图 9-42　基准面符号

(1)绘制一个细实线圆,圆半径为 3 mm。
(2)以圆的下象限点为起点,绘制一条垂线,直线长度为 10,效果如图 9-42(b)所示。
(3)捕捉垂线的下端点,绘制长 3 mm 短粗水平线(@0,3),效果如图 9-42(c)所示。
(4)按步骤 3 的方法,绘制另一段水平线,效果如图 9-42(d)所示。
(5)单击"绘图"工具栏的"多行文字"按钮,在编辑框中输入代号大写"A",此时可移动文字的位置,效果如图 9-43 所示。

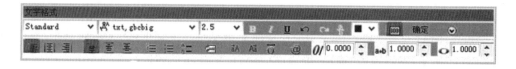

图 9-43　输入代号"A"

五、综合实例

绘制如图 9-44 所示齿轮轴的零件图。

1.调用样板图

调用已经建好的 A3 样板图。

2.画图步骤

1)绘制图形的基准线
将"中心线"图层置为当前图层,绘制图形的基准线如图 9-45 所示。

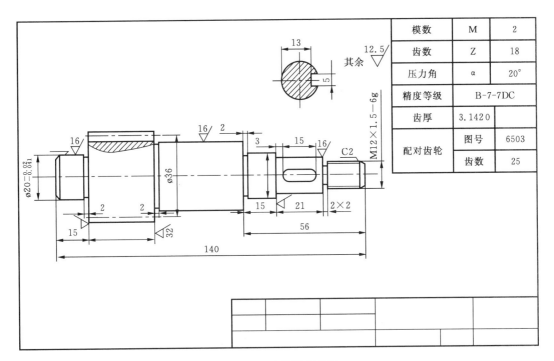

模数	M	2
齿数	Z	18
压力角	α	20°
精度等级	B-7-7DC	
齿厚	3.1420	
配对齿轮	图号	6503
	齿数	25

图 9-44　齿轮轴零件图

图 9-45　绘制基准线

2）绘制轴的主视图

（1）单击"偏移"命令按钮，通过偏移基准端面线来确定其他端面线的位置，如图9-46所示。

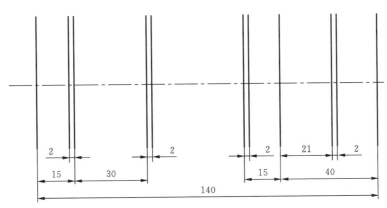

图 9-46　确定各段轴

（2）绘制各轴段的转向线，如图 9-47 所示。利用极轴追踪功能。删除所有端面线，对所有轴段的转向线向中心线另一侧作镜像，然后绘制出各端面直线，如图 9-48 所示。

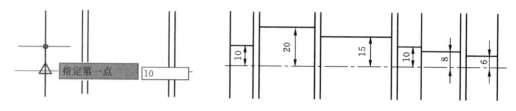

(a)利用极轴追踪指定直线的起点　　　　(b)绘制各轴段一侧的转向线

图 9-47　绘制各轴段转向线

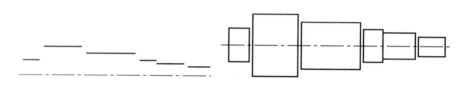

(a)擦除端面线后的图形　　　　(b)"镜像"并画出端面线操作后的图形

图 9-48　绘制各端面直线

（3）利用极轴追踪功能完成退刀槽和砂轮越程槽。结果如图 9-49 所示。

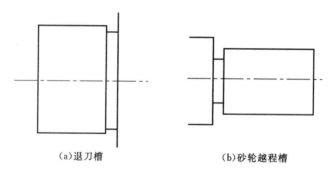

(a)退刀槽　　　　(b)砂轮越程槽

图 9-49　完成退刀槽和砂轮越程槽

（4）绘制键槽。结果如图 9-50 所示。

（5）绘制倒角、画螺纹小径线。如图 9-51 所示。

（6）单击"倒角"命令按钮进行 $C2$ 倒角，再画出倒角产生的直线。更换图层到"细实线"层，根据 $d1=0.85d$ 算出小径等于 $\phi10.2$，绘制螺纹小径线。

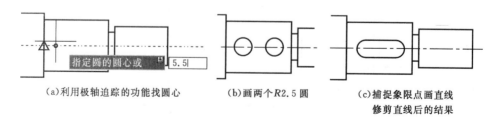

(a)利用极轴追踪的功能找圆心　　　(b)画两个 $R2.5$ 圆　　　(c)捕捉象限点画直线
　　　　　　　　　　　　　　　　　　　　　　　　　　　　　　　　修剪直线后的结果

图 9-50　绘制键槽

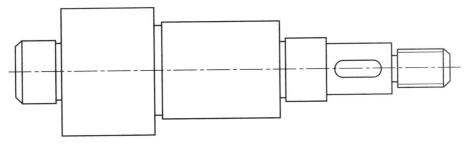

图 9-51　完成轴

（7）绘制齿轮。齿轮轮齿参数计算方法：分度圆直径 $d = m \times z = 2 \times 18 = 36$；齿顶高 $h_a = m = 2$；齿根高 $h_f = 1.25m = 2.5$。根据计算结果，利用"偏移"等命令画图，结果如图 9-52 所示。

为表达键槽深度，绘制局部视图，结果如图 9-53 所示。

3）尺寸标注

（1）设置标注环境。

设置当前图层为"尺寸标注"。确保"对象捕捉"功能开启。

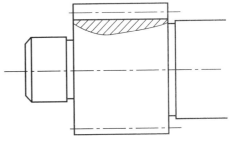

图 9-52　绘制齿轮

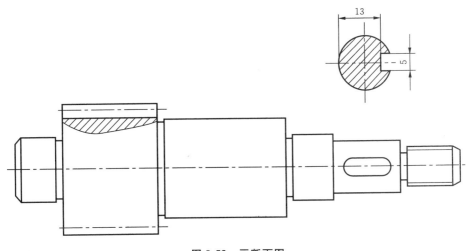

图 9-53　画断面图

（2）标注无公差的尺寸。

轴向尺寸的标注。选择"标注"→"线性标注"命令或在命令行输入"dimlinear"或单击标注工具栏中 按钮，捕捉线段的端点给出两个尺寸界线的起始点，标注出如图 9-54 所示的全部轴向尺寸。

径向尺寸的标注。直径需加注"%%C"，即可出现"ø"；螺纹的标注，需使用在命令行中修改文字的方法并直接输入的方法可标出 M12×1.5-6 g，如图 9-55 所示。

（3）标注公差尺寸。

有三处尺寸公差值，可用堆叠文字的方法进行标注，其方法详见 9.5.2 节。每标注一个尺寸前作相应修改后标注,结果如图9-56所示。

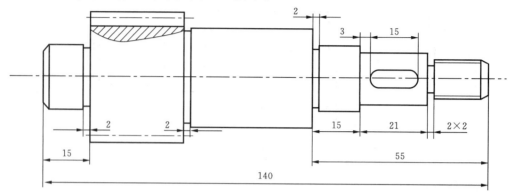

图9-54　标注轴向尺寸

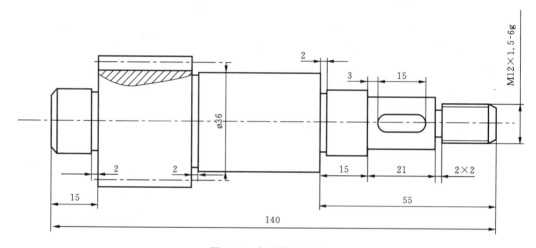

图9-55　标注径向尺寸

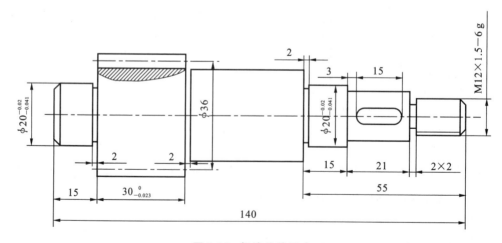

图9-56　标注公差尺寸

(4)倒角标注。

倒角标注是通过引线标注来完成的。选择"标注"→"引线"命令或在命令行输入

"qleader"或选择标注工具栏中 按钮,输入"S",打开"引线设置"对话框,保证如图 9-57、图 9-58、图 9-59 中用椭圆标记的各项设置。结果如图 9-60 所示。

图 9-57 "引线设置"对话框一

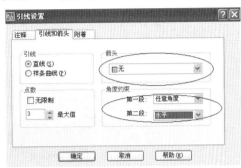

图 9-58 "引线设置"对话框二

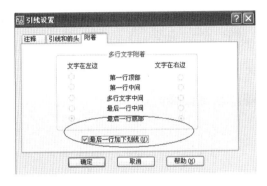

图 9-59 "引线设置"对话框三

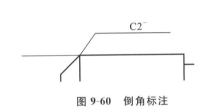

图 9-60 倒角标注

4)表面粗糙度标注

(1)创建带属性的"表面粗糙度"块 A、B。

(2)在适当位置插入块 A、B。

(3)用单行文字命令设置文字高度为 7 标注"其余"两字,粗糙度代号通过块插入操作标注,块插入时缩放比例设为 1∶4。

5)技术要求文字标注

确定当前文字样式为"T 仿宋_GB2312",使用"单行文字"命令,"技术要求"四个字置高度为 10,其他设置高度为 7。

6)绘制齿轮参数表

(1)设置表格样式。

选择"格式"→"表格样式"命令或在命令行输入"tablestyle"或选择格式工具栏中 按钮,打开"表格样式"对话框,如图 9-61 所示。

新表格样式命名后,单击"继续"按钮打开"新建表格样式"对话框,在"列标题"和"标题"选项卡中清除"包含页眉行"和"包含标题行"选择。

在"数据"选项卡默认设置的基础上按照图 9-62 中作椭圆标记的选项设置进行修改,然后单击"确定"按钮,退出"新建表格样式"对话框。

（2）创建表格。

选择"绘图"→"表格"命令或在命令行输入"table"或选择绘图工具栏中" ⊞ "按钮，打开"插入表格"对话框，按照图 9-63 中用椭圆标记的选项进行设置，然后单击"确定"按钮退出。

将表格插入图上空白点，输入文字及数字。

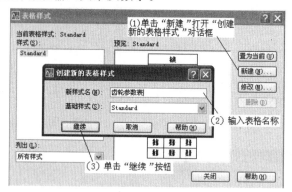

图 9-61 "表格样式"对话框

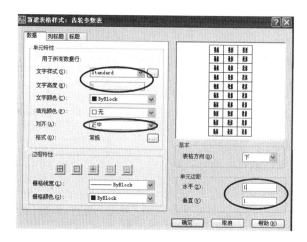

图 9-62 "新建表格样式"对话框

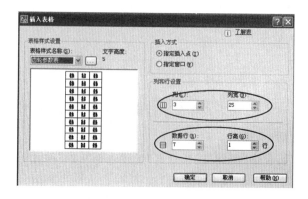

图 9-63 "插入表格"对话框

（3）编辑表格。

合并及调整单元格的高度,结果如图 9-64 所示。

模　数	M	2
齿　数	Z	18
压力角	α	20°
精度等级	B-7-7DC	
齿　厚	3.142 0	
配对齿轮	图号	6503
	齿数	25

图 9-64　编辑表格

（4）将表格移动到图框右上角。

以表格右上方为基点,将表格移动到图框右上角即完成。

第 10 章 装 配 图

装配图是用来表达机器或部件的图样。表示一台完整机器的图样称为总装配图,表示一个部件的图样称为部件装配图。

10.1　装配图概述

一、装配图的内容

图 10-1 所示为千斤顶,其装配图如图 10-2 所示。可以看出,一张完整的装配图包括以下四项基本内容。

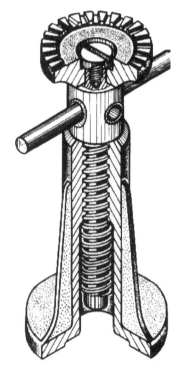

图 10-1　千斤顶立体图

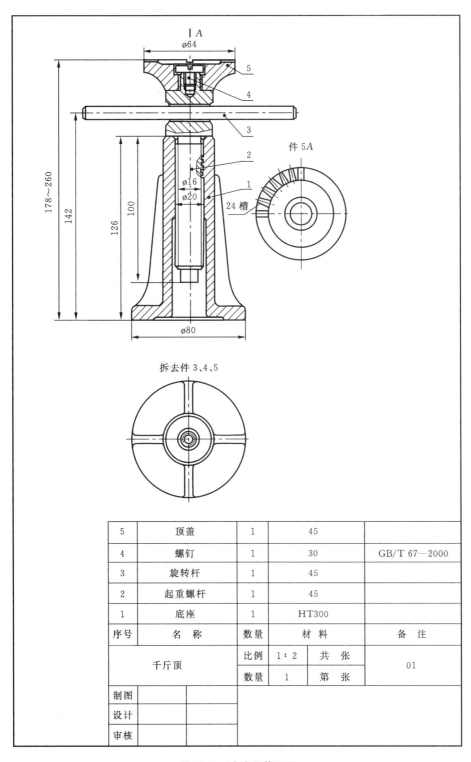

图 10-2 千斤顶装配图

5	顶盖	1	45	
4	螺钉	1	30	GB/T 67—2000
3	旋转杆	1	45	
2	起重螺杆	1	45	
1	底座	1	HT300	
序号	名　称	数量	材　料	备　注

千斤顶		比例	1：2	共　张	01
		数量	1	第　张	
制图					
设计					
审核					

1.一组视图

用一组视图来表达机器或部件的工作原理、零件间的装配关系、连接方式及主要零件的结构形状等。

2.必要的尺寸

必要的尺寸是指与机器或部件的性能、规格、装配和安装有关的尺寸。

3.技术要求

技术要求是指用符号、代号或文字说明装配体在装配、安装、调试等方面应达到的技术指标。

4.标题栏、零件序号及明细表

在装配图上,必须对每个零件编号,并在明细栏中依次列出零件序号、名称、数量、材料等。在标题栏中,写明装配体的名称、图号、绘图比例,还有有关人员的签名等。

二、装配图的作用

装配图主要表达机器或部件的工作原理、装配关系、结构形状和技术要求,用于指导机器或部件的装配、检验、调试、安装、维修等。因此,装配图是机械设计、制造、使用、维修以及进行技术交流的重要技术文件。

三、装配图的表达方法

本书前面介绍过的机件各种表达方法,如视图、剖视图和断面图,以及局部放大图、简化画法等同样适用于机器或部件的表达,但是零件图所表示的是单个零件,而装配图表达的则是由若干零件组成的部件。两种图样要求不同,内容各有侧重,装配图是以表达机器或部件的工作原理和装配关系为中心,同时将其内部和外部的结构形状和零件的主要结构表达清楚。"机械制图"和"技术制图"相关国家标准制定了画装配图的方法,即规定画法和特殊画法。

1.规定画法

(1)两零件的接触表面和配合表面只画一条轮廓线。如图 10-3 所示轴与滚动轴承的接触面。而螺钉的外表面与螺钉孔的内表面处不接触,因此,必须画成两条线。

(2)相互邻接的金属零件的剖面线其倾斜方向应相反,或方向一致而间隔不等,在各视图中,同一零件剖面线的倾斜方向和间隔均应保持一致。对于宽度小于或等于 2 mm 的剖面,允许将剖面涂黑以代替剖面线,如图 10-3 中的垫片夸大画法。

(3)对螺纹紧固件和实心零件,如轴、手柄、拉杆等,当剖切平面通过其轴线时,则这些零件均按不剖绘制,如图 10-2 所示起重螺杆和螺钉等。

2.特殊画法

1)拆卸画法
当一个或几个零件在装配图的某一视图中遮挡了大部分装配关系或影响所要表达的内

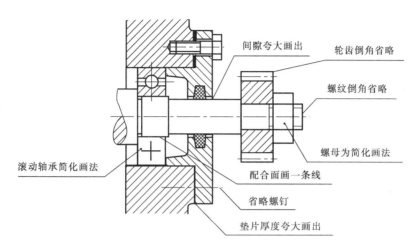

图 10-3　简化画法

容时,可假想将这些零件拆去后绘制,这种画法称为拆卸画法,如图 10-2 所示的俯视图。为便于看图而需要说明时,可在视图上方标注"拆去件××"。

2)沿零件的结合面剖切画法

为了表达部件的内部结构,可假想沿某些零件的结合面剖切。如图 10-4 所示右视图是沿泵盖和泵座结合面剖切后画出的全剖视图。注意,在结合面上不画剖面线,但被剖切的螺栓断面需画剖面线。

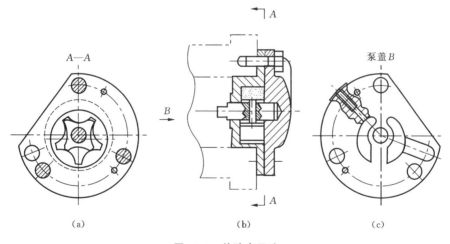

图 10-4　单独表示法

3)夸大画法

在画装配图时,对薄片零件、细丝弹簧、微小间隙和较小锥度等,难以按其实际尺寸画出时,均可不按比例而采用夸大画法,如图 10-3 中的垫片。

4)假想画法

为了表示本部件和相邻零部件的相互关系,可将其相邻的零部件的轮廓用细双点画线画出,如图 10-4 中主视图;有些运动零件,当需要表示运动范围或极限位置时,可在一个极限位置上画出该零件,而在另一个极限位置用双点画线画出其轮廓,如图 10-5 所示。

5)单独表示某个零件

在装配图中,当某个零件的结构形状未表达清楚而对理解装配关系有影响时,可单独画出该零件的某一视图,但需注明视图名称。在相应视图的附近用箭头指明投影方向,并注上图样字母,如图 10-4 所示泵盖 B。

6)简化画法

在装配图中,某些零件的结构允许不按真实投影画出或作必要的简化。

(1)零件的工艺结构,如圆角、倒角、退刀槽等允许不画,如图 10-3 所示。

(2)螺母和螺栓头允许采用简化画法。对螺纹连接件等相同的零件组,可仅详细地画出一组,其余用点画线表示装配位置,如图 10-3 所示。

(3)在剖视图中,滚动轴承允许用规定画法。即画出对称图形的一半,另一半只画出轮廓并在轮廓内用细实线画出对角线,如图 10-3 所示。

(4)在能够清楚表达产品特征和装配关系的前提下,可仅画出外轮廓或简化轮廓,如图 10-6 所示。

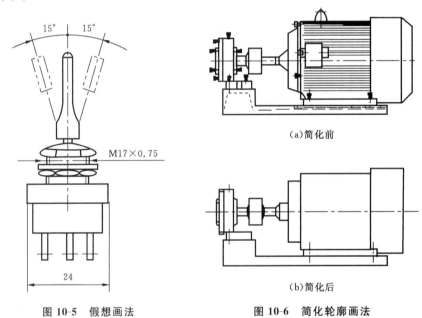

(a)简化前

(b)简化后

图 10-5　假想画法　　　　　图 10-6　简化轮廓画法

四、零件序号标注及明细表

1. 装配图中零件(部件)序号

为了便于读图和进行图样管理以及做好生产准备工作,对装配图中所有零件必须编写序号。

1)编写序号的方法

编写序号通常有以下两种方法。

(1)将装配图中所有零件按顺序编号,如图 10-2 所示。

(2)将装配图中的非标准件按顺序编号,标准件不编序号,而将标准件的标记直接注写在图纸上相应标准件的附近。

2)编写序号的形式

编写序号有下列三种形式。

(1)序号写在指引线一端的水平横线上方,序号数字可比视图中的尺寸数字大一号或两号,如图 10-7(a)所示。

(2)序号写在指引线一端的圆圈内,序号数字比图尺寸数字大一号或两号,如图 10-7(b)所示。

(3)序号写在指引线一端附近,序号数字可比图中尺寸数字大两号,如图 10-7(c)所示。

3)编写序号的有关规定

(1)在一张装配图中编写序号的形式应一致。

(2)每一种零件在视图上只编一个序号,对同一标准部件(如油杯、轴承、电动机等)在装配图上一般只编一个序号。

(3)指引线和与其相连的横线或圆圈一律用细实线绘制。横线或圆圈一般画在图形外的适当位置。

(4)指引线应自所指零件的可见轮廓内引出,并在末端画一小黑点,若所指零件很薄或是涂黑的剖面不宜画圆点时,可在指引线末端画出指向该部分轮廓的箭头,如图 10-8(a)所示。

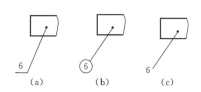

图 10-7 编号形式

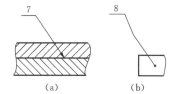

图 10-8 指引线的画法

(5)指引线尽可能均匀分布且不能相交,一般画成与水平方向倾斜一定角度。

(6)指引线不应与剖面线平行,必要时可画成折线,但只允许弯折一次,如图 10-8(b)所示。

(7)指引线末端为圆圈时,直线部分的延长线应过圆心,如图 10-7(b)所示。

(8)一组紧固件及装配关系清楚的零件组,可以采用公共指引线,如图 10-9 所示。

(9)为了保持图样清晰和便于查找零件,序号可在视图周围或整张图纸内按顺时针或逆时针顺次排列成一圈或按水平以及铅垂方向整齐排列成行,如图 10-2 所示。

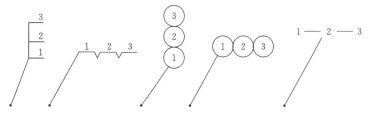

图 10-9 公共指引线画法

2. 明细表

明细表是装配图中全部零件(部件)的详细目录,其内容一般有序号、名称、数量、材料及备注。装配图的所有零件均按顺序填入明细表中,应注意明细表中序号必须与图中所注序号一致。明细表一般配置在装配图中的标题栏上方,若位置不够时可接续画在标题栏的左方。明细表左右外框线为粗实线,内部和顶线为细实线,零件序号按自下而上填写,如图10-10所示。

3						
2						
1						
序 号	名 称		数 量	材料	备 注	
图 名			比 例		(图 号)	
			件 数			
制图		(日期)	重 量		共 张	第 张
校对		(日期)				
审核		(日期)				

图 10-10 装配图上标题栏及明细表

五、装配图的尺寸类别及标注

装配图上标注尺寸的出发点与零件图完全不同,因为零件图是加工零件的依据,所以应注出制造时所需要的全部尺寸。而装配图主要用于设计、装配等过程,因此,只需标注一些必要的尺寸,这些尺寸按其功用的不同,大致可分为以下五种类别。

1. 性能(规格)尺寸

性能(规格)尺寸表示机器或部件的性能特征或规格的尺寸,这些尺寸既是设计机器或部件的依据,又是了解和选用机器的依据。如图10-11所示的滑动轴承的装配图中 $\phi50H8$,表明该轴承只能用来支撑直径是 $\phi50$ 的轴。

2. 装配尺寸

装配尺寸表示零件间装配关系的尺寸。一般可分成下面三种。

1)配合尺寸

配合尺寸表示零件间配合性质的尺寸。它包括配合尺寸和主要零件间的相对位置尺寸。如图10-11所示,轴承盖与轴承座止口的配合尺寸为 $90\frac{H9}{f9}$,固定套与轴承盖、上轴衬的配合尺寸为 $\phi10\frac{H8}{S7}$ 上、下轴衬与轴承盖、座之间的配合尺寸为 $\phi60\frac{H8}{k7}$。

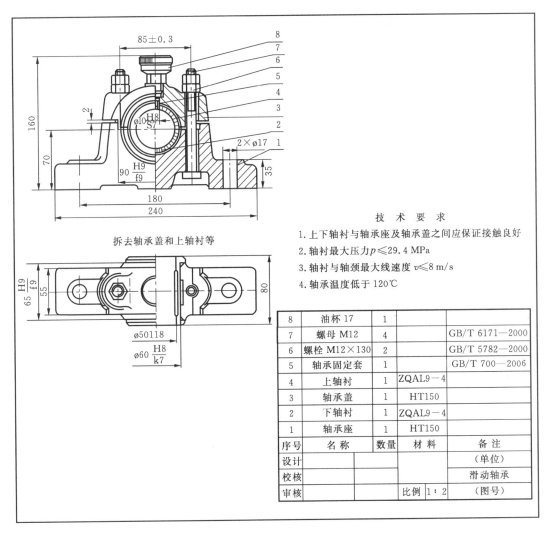

技　术　要　求

1. 上下轴衬与轴承座及轴承盖之间应保证接触良好
2. 轴衬最大压力 $p \leqslant 29.4$ MPa
3. 轴衬与轴颈最大线速度 $v \leqslant 8$ m/s
4. 轴承温度低于 120℃

拆去轴承盖和上轴衬等

8	油杯 17	1		
7	螺母 M12	4		GB/T 6171—2000
6	螺栓 M12×130	2		GB/T 5782—2000
5	轴承固定套	1		GB/T 700—2006
4	上轴衬	1	ZQAL9—4	
3	轴承盖	1	HT150	
2	下轴衬	1	ZQAL9—4	
1	轴承座	1	HT150	
序号	名　称	数量	材　料	备　注
设计				（单位）
校核				滑动轴承
审核		比例	1：2	（图号）

图 10-11　滑动轴承装配图

2）相对位置尺寸

零件间有些较重要的距离和间隙等,如图 10-11 所示主视图中的尺寸 2 是装配后要保证的轴承座与轴承盖之间的间隙尺寸,而尺寸 85±0.3 是表示两螺栓轴线的距离。

3）装配时加工的尺寸

机器在装配时需要同时加工的尺寸,如销孔直径等。

3. 安装尺寸

安装尺寸表示机器或部件安装在基础或其他设备上所需要的尺寸。如图 10-11 所示滑动轴承的安装孔 ø17 mm 及其他定位尺寸 180 mm。

4. 外形尺寸

外形尺寸表示机器或部件外形轮廓的尺寸,即总长、总宽和总高,这类尺寸在机器的包装,运输和厂房设计中是不可缺少的。如图 10-11 所示的尺寸为 240 mm、80 mm 和 160 mm。

5.其他重要尺寸

其他重要尺寸是在设计中经过计算确定或选定的尺寸,但又未包括在上述四类尺寸之中,如运动零件的极限位置尺寸、主体部件的重要尺寸等。

必须指出的是,并不是每张装配图必须全部标注上述五种尺寸的,并且有时装配图上同一尺寸往往有几种含意。所以,装配图上究竟要标注哪些尺寸,要根据具体情况进行具体分析。

10.2 识读装配图

在对设备的设计、制造、装配、使用、维修以及技术交流中,经常要遇到看装配图的问题。通过看装配图,可以分析部件的工作原理,了解部件的性能、结构特点以及零件之间的装配连接关系等。因此,工程技术人员必须具备识读装配图的能力。

一、看装配图的要求

看装配图的要求如下。
(1)了解部件的功用、使用性能和工作原理。
(2)了解零件间的相对位置、装配关系及装拆顺序和装拆方法。
(3)弄清每个零件的结构形状。
(4)了解部件的尺寸和技术要求。

二、看装配图的方法

下面以图 10-12 所示的折叠式摇臂旋钮为例,介绍看装配图的方法和步骤。

1.概括了解

了解部件的名称、用途、性能和工作原理。从标题栏的名称可以知道该部件是一种带有能折叠摇臂的旋钮。通过产品说明书或其他资料可了解到,它是装在电台发射机上调节空气可变电容器,用以调节波长。从明细栏和序号可知零件的数量和种类,从而略知其大致的组成情况及复杂程度。

图 10-12 的主视图反映了它的工作位置。轴套 5 用 M4 螺钉连接在电容器的轴上。调节时,握住把手 13 作快速连续转动。调节完毕后,为了不碰坏摇柄 9 等零件,必须把摇柄推入旋钮 1 的槽内,并将支臂 12 等折叠在旋钮的空腔中,如主视图中的双点画线所示。

若慢速调节,则不必将摇柄拉出,只要直接转动旋钮 1 即可。

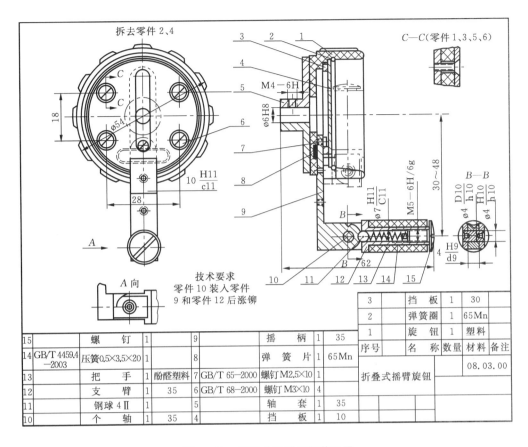

图 10-12　折叠式摇臂旋钮装配图

2. 分析现图

弄清各个视图的名称、所采用的表达方法和表达的主要内容。折叠式摇臂旋钮的装配图采用了主视图和右视图，A 向局部视图，B—B 剖视和 C—C 断面。

(1)主视图采用全剖视，表达了旋钮、摇柄和支臂部分各零件间的装配关系。

(2)右视图采用拆卸画法，主要表达该部件的外形和有关零件的装配关系。

(3)A 向局部视图表示摇柄 9 与支臂 12 结合处的外形。

(4)B—B 剖视表示摇柄和支臂之间的装配关系。

(5)C—C 断面表示槽板 3、旋钮 1 和轴套 5 之间的连接方式。

3. 分析零件的形状和作用，掌握部件的装配关系

根据部件的工作原理，了解每个零件的作用，进而看懂每个零件的结构形状。一般先分析主要零件，当主要零件的某些部位难以看懂时，可先看与它有关的零件，然后再看这个主要零件。为了从装配图中区分不同零件，可将下列三个方面联系起来进行：看零件的序号和明细表；对投影关系；以及根据"同一零件的剖面线方向和间距在各视图中都应一致"等规定画法来区分。

要了解各零件之间的装配关系，应从反映装配关系的视图着手，看懂每条装配干线的

结构。

折叠式摇臂旋钮可分为四条装配干线,即旋钮部分,支臂部分,摇柄滑动部分,摇柄与支臂连接部分。这四条装配干线上各零件的作用和装配关系,说明如下。

(1)从主视图、右视图和 C—C 断面可以看出:旋钮 1、轴套 5、槽板 3 用四个沉头螺钉 6 连接在一起。为了保持内部清洁,外形美观,槽板外面装有盖板 4 用弹簧圈 2 将其挡住。

(2)摇柄 9 装在旋钮的槽中(槽的形状在右视图中用虚线表示),采用间隙配合,并用弹簧片 8 压住。这样,摇柄在旋钮槽中不会自行滑动。摇柄上装有螺钉 7,其头部嵌入槽板的槽中(此槽形状也在右视图中表示),以防止摇柄从旋钮中脱出;当螺钉 7 拧入摇柄上位置不同的螺孔时,可改变操作时的力臂。

(3)支臂的定位是由弹簧 14 压住钢珠 11 嵌入摇柄的锥孔中实现的。把手 13 与支臂之间采用间隙配合,使其转动灵活,操作时手不会受到摩擦。从 A 向局部视图中可以看出,摇柄与支臂结合处的外形结构保证支臂的轴线与旋钮的轴线平行。

(4)由 B—B 剖视和技术要求中可以看出,支臂与摇柄用小轴 10 涨铆在一起,它们之间都采用间隙配合,使支臂能灵活转动。

4. 分析尺寸,了解技术要求

分析装配图上所注的尺寸,有助于进一步了解部件的规格、外形大小、零件间的装配要求以及该部件的安装方法等。图中的 ø54、62、30～48 是折叠式摇臂旋钮的规格尺寸和外形尺寸。ø6H8 和 M4-6H 是安装尺寸。

其余都是装配尺寸。根据前面所学知识,可了解到零件之间的配合技术要求。

5. 归纳总结

在上面分析的基础上,按照看装配图的方法进行归纳总结,以便对部件有一个完整的、全面的认识。为此,必须根据部件的工作原理,综合分析整个部件的结构特点和安装方法,进一步明确每个零件的作用和形状、装配关系及装拆顺序。

对初学者来说,还要了解装配图的表达特点及图上每个尺寸的意义。

图 10-13 所示为折叠式摇臂旋钮的分解轴测图。

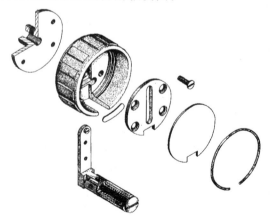

图 10-13　折叠式摇臂旋钮的分解轴测图

10.3 计算机绘制装配图的方法

应用 AutoCAD 绘制装配图,一般有直接绘图法和拼装绘图法两种方法。

1.直接绘图法

直接绘图法就是直接利用绘图及图形编辑命令,按手工绘图的步骤,结合对象捕捉、极轴追踪等辅助绘图工具绘制装配图。这种方法不但作图过程繁杂,而且容易出错,只适宜绘制一些比较简单的装配图。

2.拼装绘图法

拼装绘图法就是先绘出各零件的零件图,然后将各零件以图块的形式"拼装"在一起,再编辑得到装配图。这种方法绘制装配图方便、快捷,较为常用。

无论用哪种方法绘图,都应该能清楚地表达机器或部件的结构与性能。

一、拟定表达方案

在对机器或部件有了较清楚的了解后,可根据实际情况灵活选用装配图的各种表达方法,确定最佳的表达方案。其中包括选择主视图、确定视图数量和所采用的表达方法。

1.选择主视图

主视图应能较多地表达出机器或部件的工作原理、零件间的主要装配关系、传动路线、连接方式及主要零件结构形状的特征,同时还要考虑部件的工作位置。一般在机器或部件中,装配关系密切的一些零件常称为装配干线。机器或部件一般都由一些主要或次要的装配干线组成。为了清楚地表达这些内部结构,一般通过主要装配干线的轴线剖开部件,画出剖视图作为装配图的主视图。

2.确定其他表达方法及视图数量

主视图确定后,看是否把机器或部件的装配关系、连接方式、结构特点等都表达完整清楚了。若还有没表达清楚的地方,应考虑选择其他一些表达方法并增加视图的数量,以补充视图的不足。如果部件比较复杂还可以同时考虑几种表达方案进行比较,最后确定一个比较好的表达方案。

二、拼装绘图法画装配图

用拼装绘图法画装配图有三种操作方法:零件图块插入法、零件图形文件插入法、零件图形复制粘贴法。

1.零件图块插入法

零件图块插入法就是将组成部件或机器的各个零件的图形先创建为图块,然后按零件间的相对位置关系,将零件图块逐个插入,拼绘成装配图的一种方法。

为了保证零件图块拼绘成装配图后各零件之间的相对位置和装配关系,在创建零件图块时一定要选择好插入基点,以便插入时辅助定位。零件图块插入后,要分析零件的遮挡关系,对拼装的图块用"分解"命令(EXPLODE)进行分解后,再统一对全图进行修剪、整理,从而完成装配图的绘制。

对于经常绘制装配图的用户,将常用零件、部件、标准件和专业符号等做成图库(如将轴承、弹簧、螺钉、螺栓、标题栏和明细表等制作成公用图块库),在绘制装配图时采用块插入的方法插入到装配图中,可提高绘制装配图的效率。

2.零件图形文件插入法

在 AutoCAD 中,可以将多个图形文件(.dwg 文件)用"插入块"命令(INSERT)直接插入到同一图形中,插入后的图形文件以块的形式存在于当前图形中,因此可以用直接插入零件图形文件的方法来拼绘装配图。该方法与零件图块插入法极为相似,不同的是,默认情况下的插入基点为零件图形的坐标原点(0,0),这样在拼绘装配图时就不便准确确定零件图形在装配图中的位置。为保证图形文件插入时能准确、方便地放到正确的位置,在绘制完零件图形后,应首先用"定义基点"命令(BASE)(或使用工具栏:"绘图"→"块"→"基点")设置插入基点,然后再保存文件,这样再用"插入块"命令(INSERT)将该图形文件插入时,就以定义的基点为插入点进行插入,从而完成装配图的拼绘。

3.零件图形复制粘贴法

绘制装配图时,将要用到的零件图形文件同时打开,并冻结零件图上的尺寸、文字等装配图中不用的信息图层。绘图时通过"带基点复制"命令(COPYBASE)选择要拼装的图形及定付基点,然后通过"粘贴"命令(PASTECLIP)将图形粘贴到装配图中,再通过细化修剪完成装配图的绘制。

无论用哪种方法绘图,都要注意不能将零件图照搬到装配图中去,一定要按照装配图的表达方法,调整视图的位置与比例,并且要使两相邻零件剖面线予以区别。下面通过实例来介绍其作图步骤。

【例 10-1】 已绘制了球阀的左右阀体零件图、球形阀体零件图、阀杆零件图、手臂零件图,试绘制如图 10-14 所示的装配图。

(1)调用已制作的零件模板图,创建一个新文件名。

(2)修改其中标题栏如本章中图 10-10 所示,成为装配图的标题栏和明细表式样。

(3)准备零件图。打开要拼装的零件图,关闭尺寸等图层,去掉不要的图形,将其整理成装配图上所需的图形,如图 10-15 所示。

(4)以右阀体为基础,将其他零件图形通过"带基点复制"、"粘贴"命令拼装到右阀体零件图形文件中,具体方法如下。

打开左阀体零件图形文件,启动"带基点复制"命令,选择整个图形及图 10-15(b)所示基点;打开右阀体零件图形文件,启动"粘贴"命令,通过"对象捕捉"命令捕捉到图 10-15(a)

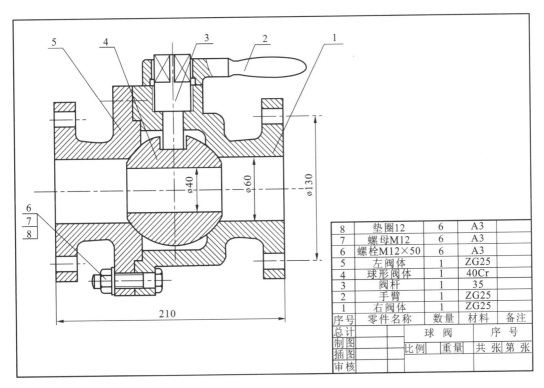

8	垫圈12	6	A3	
7	螺母M12	6	A3	
6	螺栓M12×50	6	A3	
5	左阀体	1	ZG25	
4	球形阀体	1	40Cr	
3	阀杆	1	35	
2	手臂	1	ZG25	
1	右阀体	1	ZG25	
序号	零件名称	数量	材料	备注

图 10-14　球阀装配图

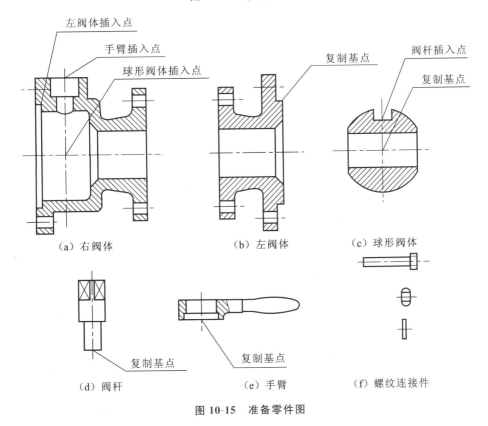

（a）右阀体　　（b）左阀体　　（c）球形阀体

（d）阀杆　　（e）手臂　　（f）螺纹连接件

图 10-15　准备零件图

所示左阀体插入点,将左阀体粘贴到当前图形文件中,如图 10-16 所示。

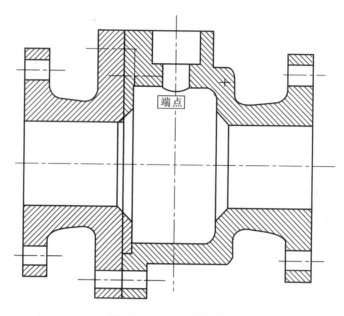

图 10-16 左、右阀体拼画

将球形阀体图形文件粘贴到右阀体图形文件中,如图 10-17 所示。

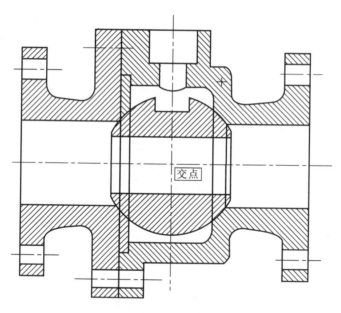

图 10-17 拼画球形阀体零件

用同样方法可将阀杆和手臂零件图形拼装到右阀体图形文件中,调整球形阀体图的剖面线间隔,使之与其他两个零件剖面线区别,如图 10-18 所示。

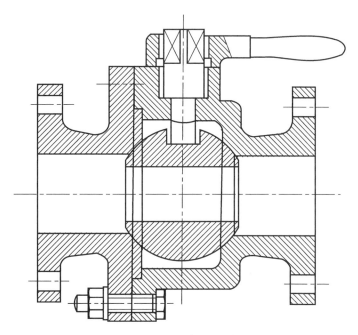

图 10-18 拼画阀杆和手臂零件

画标准件。螺栓、螺母和垫圈是标准件,应该分别根据标准号和规格尺寸,查阅有关手册或教材附表,可以按表中查的尺寸和样式先画出零件图形(也可以用比例画法),然后插入装配图中,如图 10-18 所示。

对图 10-18 进行修剪整理,得到图 10-19 所示装配图形。

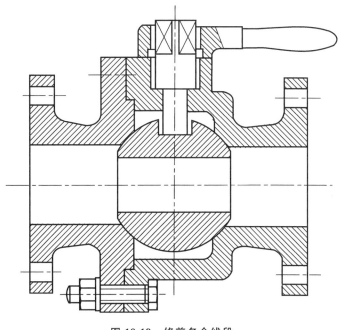

图 10-19 修剪多余线段

(5)绘制零件序号及填写明细表和标题栏,具体方法如下。

画零件序号。按照国家标准对零件序号的规定,AutoCAD 画零件序号的方法如下:绘制序号指引线及注写序号通常是采用快速引线标注命令。由于引线的头部不是箭头而是小点,所以需要学习将引线前的箭头改成小点的方法,才能达到如图 10-20 所示的效果。

单击"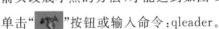"按钮或输入命令:qleader。

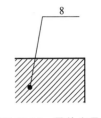

图 10-20　零件序号

```
命令:
命令: _qleader
指定第一个引线点或 [设置(S)] <设置>:
```

按 Enter 键,出现"引线设置"对话框,如图 10-21 所示。

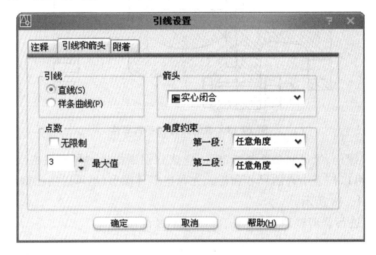

图 10-21　"引线设置"对话框

在"引线和箭头"选项卡中,将"箭头"选项中的"实心闭合"改为"小点",如图 10-22 所示。

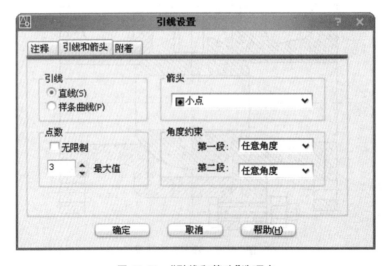

图 10-22　"引线和箭头"选项卡

选择"附着"选项卡,勾选"最后一行加下划线",设置完毕后如图 10-23 所示。最后选择"引线"命令即可。

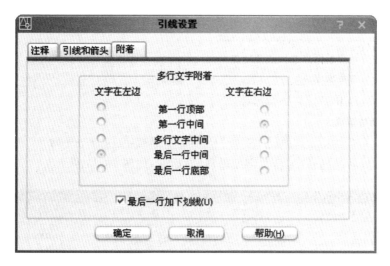

图 10-23 "附着"选项卡

填写明细表和标题栏。明细表中的零件序号与名称一定要与装配图中的序号一一对应。数字由下向上,由小到大排列。

单击"多行文字"命令,注写文字到明细表和标题栏内。

(6)标注尺寸、技术要求。

下面介绍 AutoCAD 标注配合公差尺寸的方法。

【例 10-2】 用堆叠文字的方法,标注图 10-24 所示尺寸 $\phi 25\frac{H8}{f7}$。

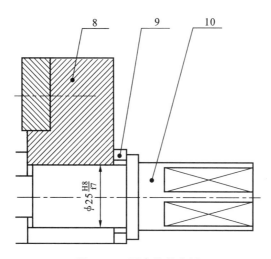

图 10-24 配合公差实例

(1)调出"标注"工具栏,单击"▬"按钮,即执行 dimlinear 命令。

```
命令:
命令: _dimlinear
指定第一条尺寸界线原点或〈选择对象〉:  ←—— 捕捉 1
```

按 Enter 键,出现命令如下。

```
命令: _dimlinear
指定第一条尺寸界线原点或〈选择对象〉:
指定第二条尺寸界线原点:  ←—— 捕捉 2
```

按 Enter 键,打开多行文字编辑器。

```
指定尺寸线位置或
[多行文字(M)/文字(T)/角度(A)/水平(H)/垂直(V)/旋转(R)]:  ←—— M
```

按 Enter 键,系统打开"多行文字编辑器"对话框,如图 10-25 所示。

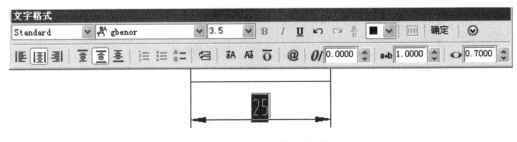

图 10-25　多行文字编辑器

(2)在数字前加符号 ø,其后加配合代号。输入"%%C25H8/f7",%%C 变成符号 ø,如图 10-26 所示。

图 10-26　输入符号

(3)选中文字"H8/f7",如图 10-27 所示。

图 10-27　选中文字

(4)单击"▓▓"按钮,结果如图 10-28 所示。

图 10-28　编辑结果

(5)单击"确定"按钮,退出"多行文字编辑器"对话框。

(6)填写技术要求,检查、校核、修改,保存图形文件,完成装配图的绘制,如图 10-14
所示。

第11章 电气图

电气图一般是指用电气图形符号、带注释的围框或简化外形来表示电气系统或设备中组成部分之间相互关系及其连接关系的一种图。

11.1 电气图的作用和特点

一、电气图的作用

电气图的主要作用是阐述电气的工作原理,描述产品的构成和功用,提供装接和使用信息的重要工具和手段。

二、电气图的特点

图 11-1(a)所示为一座 35 kV 简易变电所的断面布置图,这个图具有以下特点。

(1)它是按正投影法绘制的一种视图。

(2)比较具体地表达了 35 kV 进线、烙断器、避雷器、主变压器、互感器及出线开关的连接关系。

(3)各设备标注了代表该种设备的名称。

(4)各设备间的相互位置有严格的尺寸关系。

图 11-1(a)所示电气图实际上是一种机械图。

如果仅仅为了表示电气设备构成及其连接关系,则可绘成如图 11-1(b)所示的电气系统图。这个图具有以下特征。

(1)各种电气设备和导线用图形符号表示,而不用具体的外形结构表示。

(2)各设备符号旁标注了代表该种设备的文字符号。

(3)按动能和电流流向表示各电气设备的连接关系和相互位置。

(4)没有标注尺寸。

这种图也称为简图。简图是电气图的主要表达形式,它的主要特点如下。

(1)元件和连接件是电气图的主要表达内容。

(2)图形符号、文字符号是电气图的主要组成部分。

(3)对能量流、信息流、逻辑流、功能流的不同描述构成了电气图的多样性。

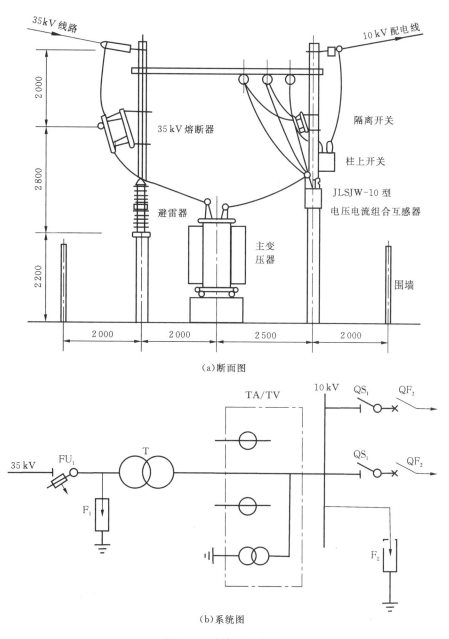

(a)断面图

(b)系统图

图 11-1　变电所电气图

11.2　电气图的一般规定

一、图纸的幅面和尺寸

国家相关标准规定电气图的图纸幅面中边框线、图框线、标题栏和尺寸注法及比例都与机械制图相同,执行《技术制图 图纸幅面和格式》(GB/T 14689—2008)。为了便于确定电气图上的内容、补充、更改和组成部分等的位置,也为了在用图时,查找图中各项目的位置,需要将图幅分区。

图幅分区的方法是:在图的边框处,竖边方向用大写拉丁字母,横边方向用阿位伯数字;编号顺序应从标题栏相对的左上角开始,分区数应是偶数。图幅分区式样如图11-2所示。

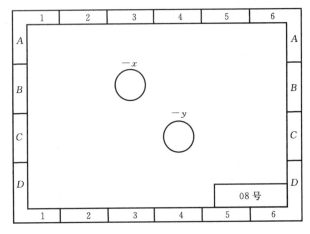

图 11-2　图幅分区示例

图幅分区以后,相当于在图样上建立了一个坐标。电气图上项目和连接线的位置则由此"坐标"而唯一地确定下来了。

项目和连接线在图上的位置可用如下方式表示:

(1)用行的代号(拉丁字母)表示;

(2)用列的代号(阿拉伯数字)表示;

(3)用区的代号表示。区的代号为字母和数字的组合,且字母在左,数字在右。

在图11-2中,项目$-x$和$-y$的位置表示方法见表11-1。表中另一表示方法是说明在"08号图上,在有些情况下,还可注明图号、张次,也可引用项目代号,例如:在相同图号第34张 A6 区内,标记为"34/A6";在图号为 3219 的单张图 F3 区内,标记为"图 3219/F3";在图号为 4752 的第 28 张图 G8 区内,标记为"图 4752/28/G8";在＝S2 系统单张图 C2 区内,标记为"＝S2/C2";在＝SP 系统第 31 张图 E7 区内,标记为"＝SP/31/E7"。

表 11-1　项目位置标记示例

项目位置	标记方法
$-x$ 在 B 行内	B 或 08/B
$-x$ 在 3 列内	8 或 08/3
$-x$ 在 B_3 区内	B_3 或 08/B_3
$-y$ 在 C 行内	C 或 08/C
$-y$ 在 4 列内	4 或 08/4
$-y$ 在 C_4 区内	C_4 或 08/C_4

二、箭头和指引线

1. 箭头

电气图中有两种形状的箭头。

1) 开口箭头

开口箭头如图 11-3(a) 所示,主要用于电气能量、电气信号的传递方向(能量流、信息流流向)。

2) 实心箭头

实心箭头如图 11-3(b) 所示,主要用于可变性、力或运动方向,以及指引线方向。

箭头应用示例如图 11-3(c) 所示。其中,电流 I 方向用开口箭头,可变电容的可变性限定符号用实心箭头,电压 U 指示方向用实心箭头。

(a) 开口箭头   (b) 实心箭头   (c) 应用示例

图 11-3 电气图中的箭头

2. 指引线

指引线用来指示注释的对象,它应为细实线,并在其末端加注如下标记:

(1) 指向轮廓线内,用一黑点表示,如图 11-4(a) 所示;

(2) 指向轮廓线上,用一实心箭头表示,如图 11-4(b) 所示;

(3) 指向电气连接线上,加一短画线,如图 11-4(c) 所示。

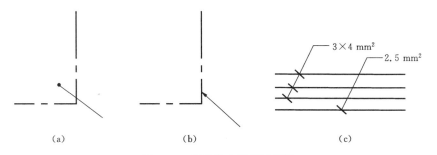

(a)   (b)   (c)

图 11-4 指引线末端指示标记

三、围框

当需要在图上显示出图的某一部分,如功能单元、结构单元、项目组(电器组、继电器装置)时,可用点画线围框表示。为了图面的清晰,围框的形状可以是不规则的。如图 11-5(a)所示,继电器-K 由线圈和三对触点组成,用一围框表示,其组成关系更加明显。

如果在图上含有安装在别处而功能与本图相关的部分,这部分可加双点画线围框。例如,图 11-5(b)所示的-A₂ 单元内功能单元-W₁,它是功能上与之相关的项目,但不装在-A₂ 单元内,用双点画线围框表示,由于-W₁ 单元在"图 17"中已详细给出,这里将其内部连接省略。

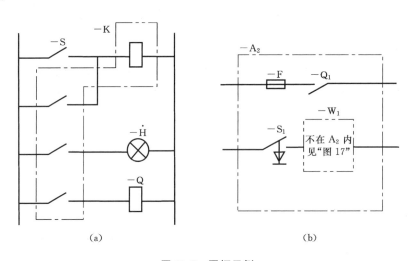

(a)   (b)

图 11-5 图框示例

四、图线

图线的类型执行《技术制图 图线》(GB/T 17450—1998)、《机械制图 图样画法 图线》(GB/T 4457.4—2002)中相关的标准。

画图时,一般将电源主电路、一次电路、主信号通路等采用粗线,控制回路、二次回路等采用细线表示。

11.3 电气图的基本表示法

一、线路表示方法

1. 多线表示法

每根连接线或导线各用一条图线表示的方法,称为多线表示法。它能详细地表达各相或各线的内容,尤其是在各相或各线的内容不对称情况下宜采用这种方法,如图 11-6 所示。

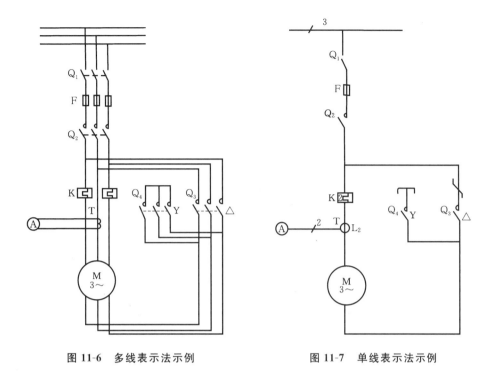

图 11-6　多线表示法示例　　　　图 11-7　单线表示法示例

2.单线表示法

两根或两根以上的连接线或导线,只用一条线表示的方法,称为单线表示法。它主要适用于三相或多线基本对称的情况,如图 11-7 所示。

3.混合表示法

在一个图中,一部分采用单线表示法而另一部分采用多线表示法的称为混合表示法。它兼有单线表示法简洁精练的优点,又兼有多线表示法对描述对象精确、充分的优点,并且由于两种表示法并存,变化灵活,是一种值得提倡的表示法,如图 11-8 所示。

二、连接线的表示法

1.导线的一般表示方法

导线的符号如图 11-9(a)所示,可用于表示一根导线、导线组、电线、电缆、电路、传输电路(如微波技术)、线路、母线、总线等。这一符号可根据具体情况加粗、延长或缩小。

当用单线表示一组导线时,若需表示出导线根数,可加小短斜线表示。根数较少时(如4 根以下),其短斜线数量代表导线根数;根数较多时,可加数字表示,示例如图 11-9(b)、(c)所示,图中,n 为正整数。

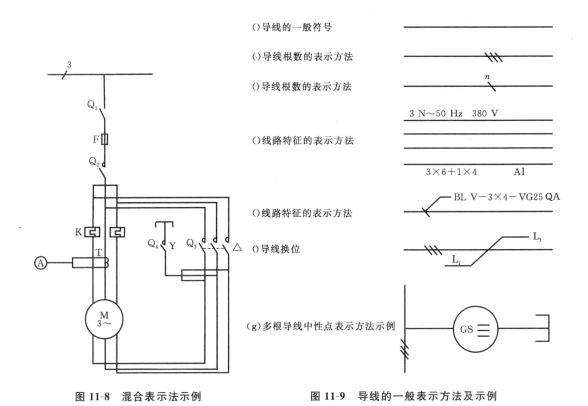

图 11-8　混合表示法示例　　　图 11-9　导线的一般表示方法及示例

导线的特征通常采用符号标注,标注方法是:在横线上面标出电流种类、配电系统、频率和电压等;在横线下方标出电路的导线数乘以每根导线的截面积(mm^2),若导线的截面不同时,可用"＋"将其分开。

导线材料可用化学元素符号表示。

图 11-9(d)的示例表示,该电路有 3 根相线,一根中性线(N),交流 50 Hz,380 V,导线截面积为 6 mm^2(3 根),4 mm^2(1 根),导线材料为铝(Al)。

在某些图(如安装平面图)上,若需表示导线的型号、截面、安装方法等,可采用图 11-9(e)所示的标注方法。示例的含义是:导线型号,BLV(铝芯塑料绝缘线);截面积,3×4 mm^2。

在某些情况下需要表示电路相序的变更、极性的反向、导线的交换等,则可采用图 11-9(f)的方式表示。示例的含义是 L_1 相与 L_3 相换位。

若需要表示多相系统电路的中性点,可采用图 11-9(g)所示的方法表示。示例的含义是:三相同步发电机(GS),一端引出连接成 Y 连接,构成中性点,另一端输出至三相母线。

2.连续表示法

连接线可用多线或单线表示,为了避免线条太多,以保持图面的清晰,对于多条去向相同的连接线,常采用单线表示法,如图 11-10 所示。

当导线汇入用单线表示的一组平行连接线时,在汇入处应折向导线走向,而且每根导线两端应采用相同的标记号,如图 11-11 所示。

连续表示法中导线的两端应采用相同的标记号。

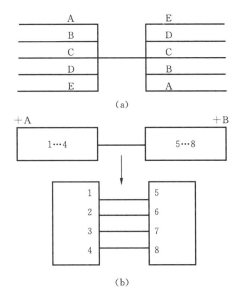

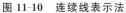

(a)

(b)

图 11-10　连续线表示法

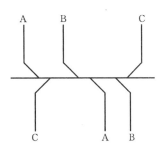

图 11-11　汇入导线表示法

3.中断表示法

为了简化线路图或使多张图采用相同的连接表示,连接线一般采用中断表示法。

在同张图中断处的两端给出相同的标记号,并给出导线连接线去向的记号,如图 11-12 中的 G 标记号、对于不同张的图应在中断处采用相对标记法,即中断处标记名相同,并标注 "图序号/图区位置",如图 11-12 所示。图中断点 L 标记在第 20 号图纸上标有"L3/C4",它 表示 L 中断处与第 3 号图纸的 C 行 4 列处的 L 断点连接,而在第 3 号图纸上标有 "L20/A4"它表示 L 中断处与第 20 号图纸的 A 行 4 列处的 L 断点相连。

对于接线图,中断表示法的标注采用相对标注法,即在本元件的出线端标注出连接的对 方元件的端子号。如图 11-13 所示,PJ 元件的 1 号端子与 CT 元件的 2 号端子相连接,而 PJ 元件的 2 号端子与 CT 元件的 1 号端子相连接。

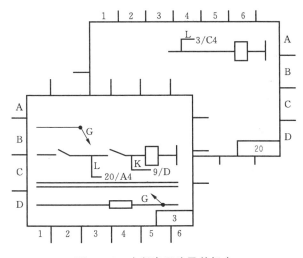

图 11-12　中断表示法及其标志

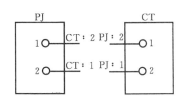

图 11-13　中断表示法的相对标注

三、电气元件表示法

1.集中表示法

把设备或成套装置中一个项目各组成部分的图形符号在简图内绘制在一起的方法,称为集中表示法,如图 11-14(a)所示。

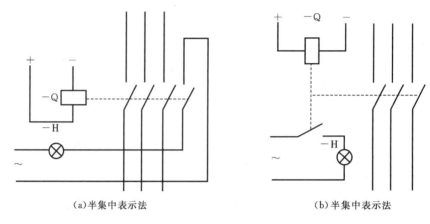

(a)半集中表示法　　　　　　　　(b)半集中表示法

图 11-14　电气元件表示法

2.半集中表示法

把一个项目中某些部分的图形符号,在简图上分开布置,并用机械连接符号表示它们之间关系的方法,称为半集中表示法,如图 11-14(b)所示。

3.分开表示法

把一个项目中某些部分的图形符号,在简图上分开布置,并仅用项目代号表示它们之间关系的方法,称为分开表示法,如图 11-15 所示。

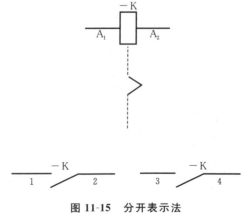

图 11-15　分开表示法

11.4　电气符号

电气符号包括图形符号、文字符号等,它们构成了电气图的基本信息。

一、图形符号

图形符号的种类繁多,涉及面广,使用灵活,应用性强,通过不同的组合、派生,还能形成更多更新的符号,因此,必须了解和熟悉符号的使用规则,以利较快较好地正确选用、组合和理解符号的意义。电气图用图形符号是一个总的概念,国家标准对符号进行了规定,常见的图形符号如表 11-2 所示。

表 11-2　图形符号的组合示例

符号术语	符号及其所表示的意义					
图形符号	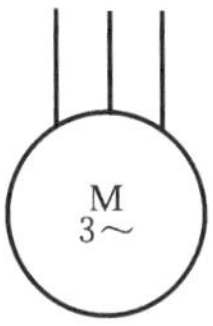 三相鼠笼式异步电动机	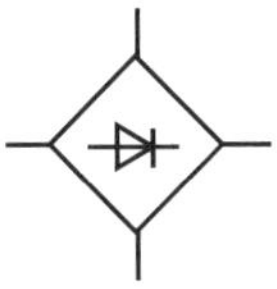 桥式全波整流器	 双绕组、三相三角形连接的变压器	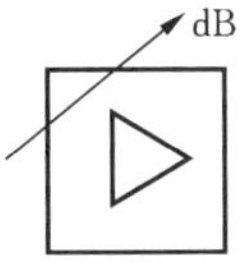 自动增益控制放大器	 无功电流表	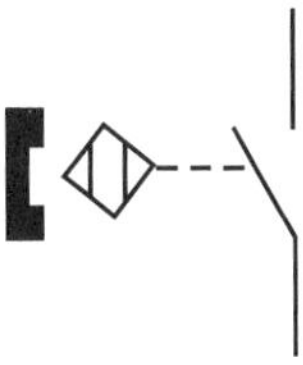 磁铁接近时动作的接近开关（动合触点）
符号要素	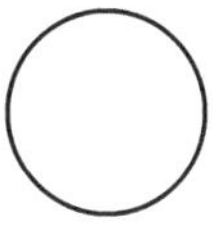 装置	功能单元	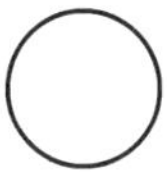 元件	功能单元	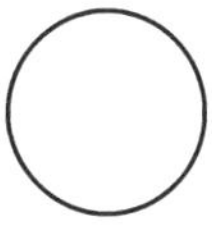 功能单元	功能单元
一般符号	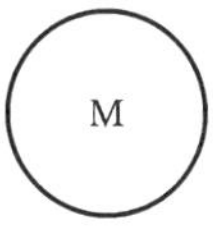 电动机	变换器 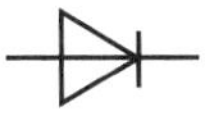 / 半导体二极管	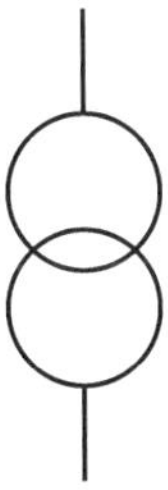 双绕组变压器	 放大器	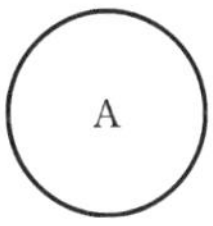 指示式电流表	 开关（动合触点）
限定符号	3～ 三相交流	 交流 / 直流	 三角形连接的三相绕组	 自动控制（内在的）	$I\sin\varphi$ 无功电流	 永久磁铁 / 机械连接

续表

符号术语	符号及其所表示的意义					
方框符号	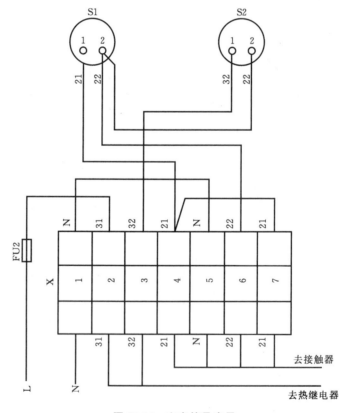 电动机	整流器	变压器	放大器	电流表	接近传感器

二、文字符号

文字符号是表示和说明电气设备、装置、元器件的名称、功能、状态和特征的字符代码。一般标注在电气设备、装置和元器件之上或其近旁。文字符号还可以用来表示项目代号种类和功能。

电气技术中的文字符号分为基本文字符号和辅助文字符号两类,包括字母、数字、汉字,在文字中可以单独或组合使用。文字符号应用如图 11-16 所示。

图 11-16　文字符号应用

(1)字母分单字母、双字母和用缩写英文字母表示,如 M 表示电动机,AB 表示电桥。

(2)数字多用于编号和端子代号,如 R12。

(3)汉字多用于技术说明和注释。

11.5　电气简图的画法

一、绘图原则

绘图要遵循布局合理、排列均匀、画面清晰、便于看图的原则。

二、图线的布置

电气简图中,表示导线、信号通路、连接线等的图线一般应为直线,即横平竖直,尽可能减少交叉和弯折。图线的布置通常有以下几种方法。

1. 水平布置

水平布置的基本方法是将设备和元件按行布置,使得其连接线一般成水平布置。如图 11-17所示,各元件按行排列;从而使各连接线基本上都是水平线。在水平布置的图中,元件和连接线在图上的位置可用图幅分区的行的代号表示。

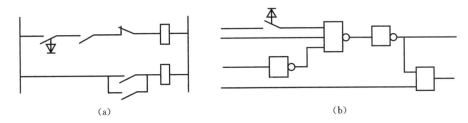

（a）　　　　　　　　　　　　　　（b）

图 11-17　图线水平布置

水平布置的图与一般图书中文字横排相对应,符合人们的阅读习惯。因此,水平布置是电气图中图线的主要布置形式。

2. 垂直布置

垂直布置的基本方法是将设备或元件按列排列,连接线成垂直布置;如图 11-18 所示。在垂直布置的图中,元件、图线在图上的位置亦可按图格分区的列的代号表示。

3. 交叉布置

为了把相应的元件连接成对称的布局,也可以采用斜的交叉线的方式布置,如图 11-19 所示。

三、电路或元件的布局

在电气简图中,电路或元件的布局方法有功能布局法和位置布局法两种。

1. 功能布局法

功能布局法是指简图中元件符号的布置,只考虑便于看出它们所表示的元件功能关系,

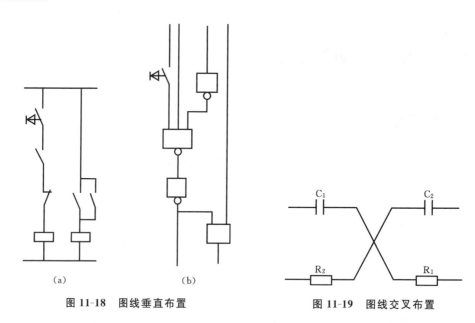

图 11-18　图线垂直布置　　　　　图 11-19　图线交叉布置

而不考虑实际位置的一种布局方法。在这种布局法中,将表示对象划分为若干功能组,按照因果关系从左到右或从上到下布置;为了强调并便于看清其中的功能关系。每个功能组的元件应集中布置在一起,并尽可能按工作顺序排列。大部分的电气图,如系统图和框图、电路图、功能表图、逻辑图等都采用这种布局方法。

采用功能布局法,一般应遵守以下规则。

(1)布局顺序应是从左到右或从上到下,例如,接收机的输入应在左边,而输出应在右边。

(2)如果信息流或能量流是从右到左或从上到下,以及流向对看图者不明显时,应在连接线上画开口箭头。开口箭头不应与其他符号(如限定符号)相邻近,以免混淆。

(3)在闭合电路中,前向通路上的信息流方向应该是从左到右或从上到下,反馈通路的方向则相反。

在图 11-20 所示的控制系统中,按速度设定、速度控制、电流控制等功能单元布局,从右到左和从下到上的信息流(如电流、速度变化量)用开口箭头表示。

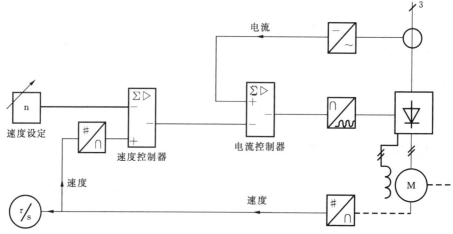

图 11-20　功能布局法

（4）图的引入引出线最好画在图纸边框附近。这样布局,看图方便,尤其是当图绘制在几张图上时,能较清楚地看出输入/输出的衔接关系。

2.位置布局法

位置布局法是指简图中元件符号的布置对应于该元件实际位置的布局方法。接线图、电线配置图都是采用这种方法,这样可以清楚地看出元件的相对位置和导线的走向。

图 11-21 是＋A 和＋B 两位置间导线互连接线图,虽然图 11-21（a）为水平布置,图 11-21（b）为垂直布置（指图线）,但＋A、＋B 的相对位置是不能改变的。

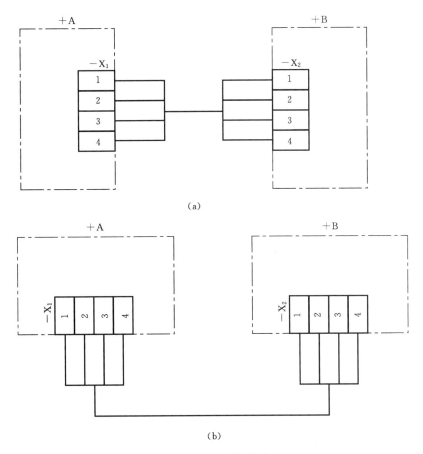

图 11-21　位置布局法

11.6　电气系统图

一、系统图和框图

系统图是指用符号概略表示系统的基本组成、相互关系及其主要特征的一种简图。框图是指用带注释的框表示分系统的基本组成、相互关系及其主要特征的一种简图。

系统图和框图在表示方法上没有原则性的区别,但在实际应用中,两者所描述的对象有些区别:系统图通常用于表示系统或成套装置,而框图通常用于表示分系统或设备。

1.用途

系统图和框图的用途如下。

(1)作为进一步编制详细技术文件的依据;

(2)供操作和维修时参考;

(3)供有关部门了解设计对象的整体方案。

2.绘图方法

采用带注释的框绘制,其大小由设计者根据图面布局、注释内容及使用方便等条件来确定,目的是使系统图和框图能清晰地显示信息流向及各级之间的功能关系。

(1)系统图和框图中的框采用矩形框,长宽之比常用 1∶1、2∶1、5∶1 等,用实线绘制,框内注释应包括符号、文字等内容。

(2)框与框、框与图形符号之间的连接用实线表示,机械连接用虚线,并在连接线上用箭头表明作用过程和方向。连线交叉和弯折应成直角。

(3)框、图形符号应根据需要标注各种形式的注释和说明,如标注信号名称、技术数据、波形、流向等。

(4)系统图和框图应按国家标准《工业系统、装置与设备以及工业产品结构原则与参照代号 第 2 部分:项目的分类与分类码》(GB/T 5094.2—2003)的规定标注项目代号。

3.绘制步骤

下面以图 11-22 为例,介绍绘图步骤,绘图步骤如图 11-23 所示。

(1)依据电路构成情况考虑排布方案(如确定行列形式,方框个数、大小、间隔等)。

(2)按布局要求先画出主电路各方框,然后再画出辅助电路的方框。

(3)在各方框内分别填写相应电路单元的名称、简化图形符号和主要元件符号。

(4)按作用过程和作用方向用线条和箭头连接各方框。

(5)标注其他文字、特性参数或波形。

(6)检查并完善全图,擦除多余图线,加深方框和图线。

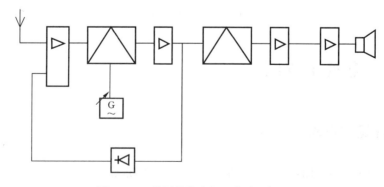

图 11-22 某型号收音机工作过程框图

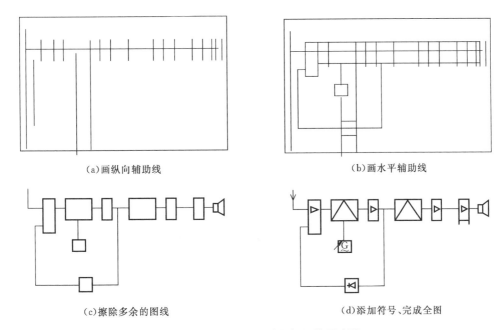

(a)画纵向辅助线   (b)画水平辅助线

(c)擦除多余的图线   (d)添加符号、完成全图

图 11-23   收音机工作过程框图绘图步骤

二、电路图

系统图和框图,对于从整体上理解系统或装置的基本组成和主要特征无疑是十分重要的。然而,要达到详细理解电气作用原理,进行电气接线,分析和计算电路特性,还必须有另一种图,这就是电路图。

用图形符号并按工作顺序排列,详细表示电路、设备或成套装置的全部基本组成和连接关系,而不考虑其实际位置的一种简图,称为电路图。图 11-24 就是这样一种电路图。

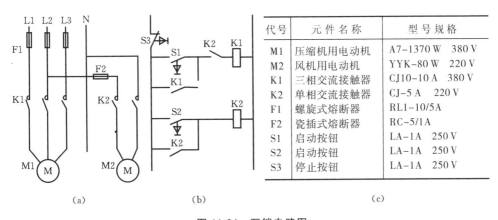

代号	元件名称	型号规格
M1	压缩机用电动机	A7-1370 W 380 V
M2	风机用电动机	YYK-80 W 220 V
K1	三相交流接触器	CJ10-10 A 380 V
K2	单相交流接触器	CJ-5 A 220 V
F1	螺旋式熔断器	RL1-10/5A
F2	瓷插式熔断器	RC-5/1A
S1	启动按钮	LA-1A 250 V
S2	启动按钮	LA-1A 250 V
S3	停止按钮	LA-1A 250 V

(a)   (b)   (c)

图 11-24   互锁电路图

1.电路图的用途

电路图是电气技术中使用最广的一种图。这种图的主要用途有以下三点。

(1)详细表达设备的工作原理。

(2)作为编制接线图的依据。

(3)为测试和寻找故障提供信息。

2.绘制电路图的方法

绘制方法如下。

(1)所有元件采用图形符号绘制。

(2)确定元器件、连接线等图形符号在图上的位置。

①图幅分区法。按《电气技术用文件的编制 第1部分:规则》(GB/T 6988.1—2008)规定的图幅分区法划定。

②电路编号法。在支路较多的电路中,对每个支路按一定顺序(自左至右或自上至下)用阿拉伯数字编号,从而确定各支路项目的位置。

(3)文字符号标注在图形符号的上方或左方;技术符号标注在文字符号的下方。

(4)输入端左,输出端右;纵横平齐。

(5)元件间电路连接线用单实线,连线过长用点画线。功能、结构单元框用点画线表示。

(6)状态表示。

①开关、断路器:断路位置。

②继电器、接触器:非激励状态。

③机械操作开关:非工作状态。

④事故、备用、报警等开关:设备正常使用状态。

如图 11-25 所示为晶闸管炉温自动调节电路原理图。

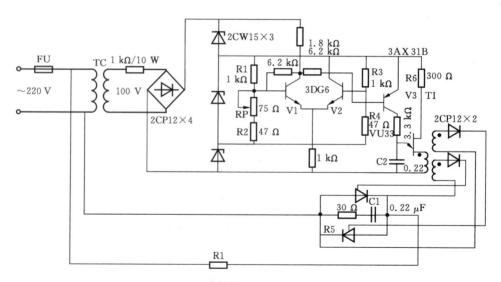

图 11-25　晶闸管炉温自动调节电路原理图

三、接线图和接线表

接线图是表示成套装置、设备或装置的连接关系的一种简图,接线表则用表格的形式表示这种连接关系。两者可以单独使用,也可以组合使用。

接线图和接线表是一种最基本的电气图,它是进行安装接线、线路检查、维修和故障分析处理的主要依据。

1. 接线图和接线表的一般表示法

为了满足安装接线等方面的实际要求,接线图和接线表通常应表示出项目的相对位置、项目代号、端子号、导线号、导线类型、导线截面积、屏蔽和导线绞合等内容。

1)项目的表示方法

接线图中的项目(如元器外部件、组件、成套装置等)一般采用简化外形符号(正方形、长方形、圆形等)表示,某些引接线比较简单的元件,如电阻、电容、信号灯、熔断器等,也可以用一般图形符号表示。简化外形符号通常用细实线绘制,如图 11-26(a)所示。在某些情况下也可用点画线围框,但有引接线的围框边应用细实线绘制,如图 11-26(b)所示。

在接线图项目符号旁一般应标注项目代号,但一般只标注种类代号段和位置代号段,图 11-26 中的一K、一Q、一X 是种类代号。

2)端子的表示方法

端子一般用图形符号和端子代号表示。如图 11-26(a)所示,在端子符号(圆圈)旁标注的数字就是端子代号,若较详细书写这些端子代号,则为一K:1、2……当用简化外形表示端子所在的项(如端子排)时,可不画端子符号,仅用端子代号表示。如图 11-26(b)所示,端子排一X 用简化外形表示,没有画出端子符号,其端子代号为一Q一X:1、2……

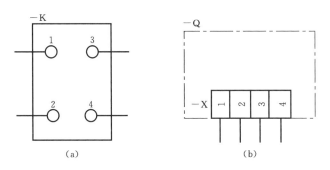

图 11-26　项目及端子的表示法

3)导线的标记

接线图中的导线一般应给标记。标记的方法一般有三种。一是等电位编号法,即用两个号码表示,第一个号码表示电位的顺序号,第二个号码表示同一电位内的导线顺序号,两个号码之间用短横线隔开,例如,"2—3"表示第 2 等电位线中的第 3 条主线。二是顺序法编号,即将所有的导线按顺序编号。三是呼应法,或称相对编号法,通常接导线的另一端去向作标记,例如,图 11-27 所示端子 X1:1 上标为"X2:A",即表示到项目 X2 的端子 A。

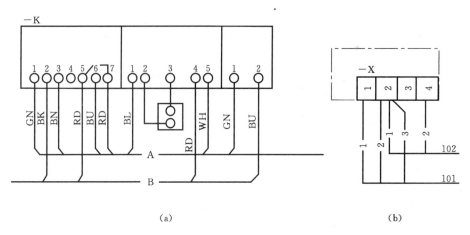

(a)   (b)

图 11-27　导线的标记

2.接线图的绘制方法

接线图主要由元件、端子和连接线组成。

(1)接线图中各个项目(如元件、器件、部件、组件、成套设备等)可采用简单的轮廓(如正方形、矩形或圆形)表示,也可采用图形符号。

(2)端子一般用图形符号和端子代号表示、当用简化外形表示端子所在项目时,可不画端子符号仅用端子代号表示。

(3)端子间的实际导线在接线图中可采用连续实线和中断线表示,中断线在中断处必须标明导线的去向,标记符号对应关系,如图 11-28(b)所示。

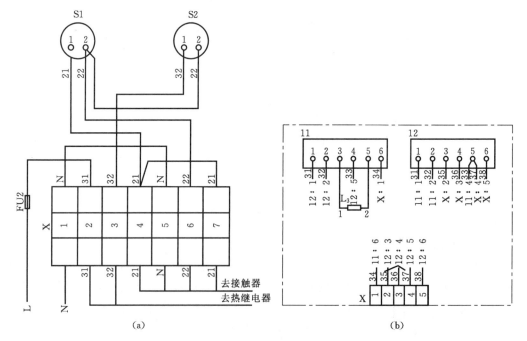

(a)   (b)

图 11-28　接线图

3.接线表的绘制方法

单元接线表可以代替接线图,但一般只是作为接线图的补充和表格化的归纳。接线表的项目包括线号、项目代号、端子代号、电缆号和芯线号等,如表 11-3 所示。

表 11-3　单元接线表

线缆号	线　号	线缆型号及规格	连接点 I			连接点 II			附　注
			项目代号	端子号	参　考	项目代号	端子号	参　考	
	31		11	1		12	1		
	32		11	2		12	2		
	33		11	4		12	5		
	34		11	8		X	1		
	35		12	3		X	2		T_1
	36		12	4		X	3		T_1
	37		12	5	33	X	4		
	38		12	6		X	5		
	—		11	8		13	1		
	—		11	5		13	2		

四、功能表图

用规定的图形符号和文字叙述相结合的方法,表示控制系统的作用和状态的一种简图称为功能表图。功能表图规定了具体画法和规范形式,在此只作简单介绍。

1.系统的界限

一个控制系统通常可以划分为两个相互依赖的部分:被控系统和施控系统,如图 11-29 所示。

一个完整的控制系统可以给出三个界限不同的功能表图,这三个功能表图的输入、输出组成如表 11-4 所示。

表 11-4　功能表的输入、输出组成

分　类	界　限	
	输　入　组　成	输　出　组　成
被控系统	施控系统的输出命令; 输入过程流程的(变化的)参数	送至施控系统的反馈信息; 在过程流程中执行的动作
施控系统	来自操作者的命令; 可能存在的前级施控系统的命令; 被控系统的反馈信息	送至被控系统的命令; 送至操作者的信息;送至前级施控系统的信息

分　类	界　限	
	输　入　组　成	输　出　组　成
整个控制系统	来自前级施控系统的命令； 来自操作者的命令； 输入过程流程的(变化的)参数	前级施控系统的检测信息； 操作者的检测信息； 在过程流程中执行的动作

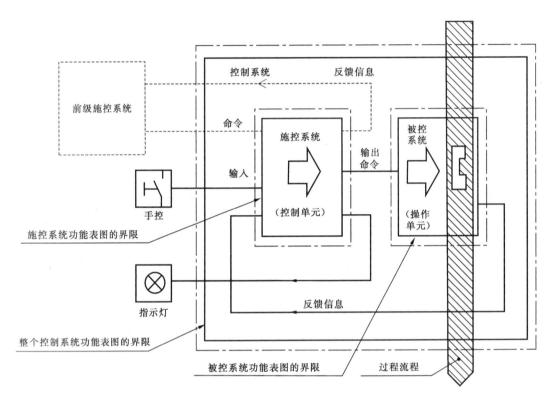

图 11-29　控制系统划分示例

2.功能表图的图形符号

功能表图常用的图形符号如表 11-5 所示。

表 11-5　功能表一些专用符号的一般形式

名　称	符　号	画 法 规 则	说　明
"步"		矩形的长宽比是任意的。为便于识别,矩形内必须加注"步"的数字标号(序号),如"1"、"01"、"1.1"等	用以描述各种稳定状态,每一步可以与一个或多个命令或动作相对应

名　　称	符　　号	画法规则	说　　明
起始步	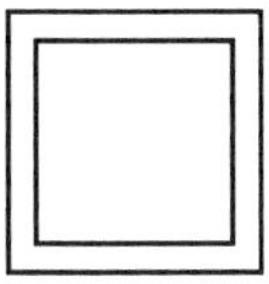	同"步"	每个功能表图起码有一个起始步,表述初始状态,表示操作开始
公共命令或动作	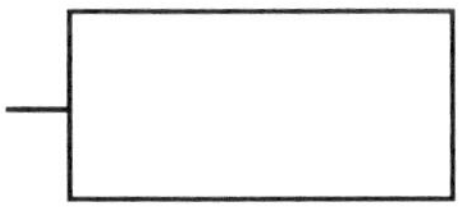	左边短线与步符号相连,框内注写文字或符号语句作命令; 多个命令或动作时,应有多个矩形框水平或垂直相接	用以规定由施控系统发生的命令,或由被控系统执行的动作
有向连线	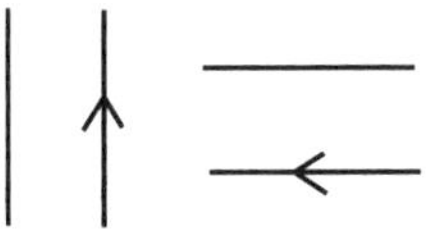	有空心箭头时,按箭头所指方向进展; 无空心箭头时,从上往下或从左往右进展;也可画成斜线	用以连接步和转换; 单序列结构中,每个步后面只接一个转换,有并列序列可供选择时,连线可分支或合并,但应避免交叉
转换		其符号只是一条短划线,符号上下的直线应看作是两条有向连线	每一个转换必须与一个转换条件相对应,并将转换条件以文字、布尔表达式或图形符号注在短线边

3.功能表图示例

图 11-30 所示为描述绕线转子感应电动机操作过程的功能表图,在电动机启动-转动-停止的这一可重复的过程中,被控系统是电动机,施控系统是启动器、热继电器等开关类器件和保护装置,根据过程特点,用单序列结构形式描述,在步骤 1 和步骤 3 符号的右侧用不加矩形框的文字注释方式表示其状态,以示出同命令或动作的区别(命令或动作均应注写在矩形框内),这一过程中的步骤 2 还可以表达得更加详细一些,例如,可以分解为:

步骤 2.1,启动风扇,启动油泵;

步骤 2.2,闭合高压断路器,接通"启动"指示信号;

步骤 2.3,接通自动器;

步骤 2.4,停止启动器,短接转子,抬起电刷;

步骤 2.5,复位启动器;

步骤 2.6,停止复位启动器,断开"启动"指示信号等。

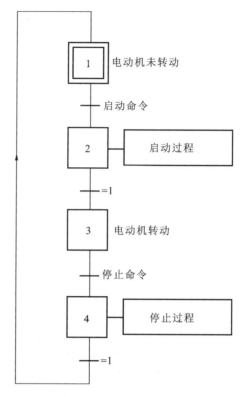

图 11-30　操作过程功能表图

五、印制板电气图

将各种元件(电阻、电容、晶体管)整齐有序地排列在薄形绝缘板上,用经过化学处理的金属液体直接涂在绝缘板表面而形成导电条,这种板块称为印制板电路板,简称印制板;指导这些印制板加工制作和焊接的图样,为印制板电路图,简称印制板图。按照用途的不同,印制板图主要分为印制板零件图和印制板装配图。

1.印制板零件图

印制板零件图是表示导电图形、结构要素、标记符号、技术要求和有关说明的图样。

1)尺寸标注法

尺寸数据是印制板制作的主要依据,而标注尺寸方法有直角坐标网格法和极坐标网格法。

(1)直角坐标网格法。

这种方法是将印制板图布置在直角坐标网格上。直角坐标由坐标系原点 O、横坐标 x、纵坐标 y 组成。$f(x,y)$ 的值决定了图上各点的位置,也决定了各点之间的距离尺寸。采用直角坐标法标注尺寸通常有以下几种形式。

①在整个图面上标出网格,如图 11-31 所示。由于各网格为等面积正方形,其尺寸关

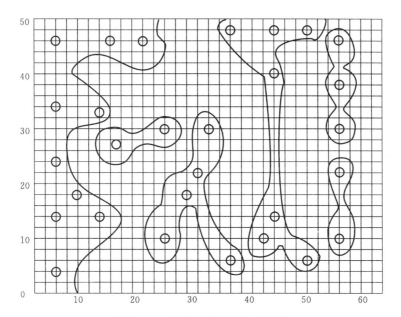

图 11-31　在整个图面上标出网格

系由网格数便可判断清楚。各网格线要标出数码,数码间距由设计者根据图形的密度和比例确定。

　②在印制板部分图面上标出网格。

　③在印制板四周用尺寸刻度标出网格位置,如图 11-32 所示。这种方式主要适用于元件布置较规则的图样。

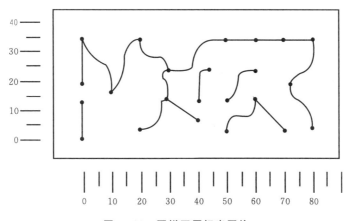

图 11-32　图样四周标出网格

　④直接采用坐标数值标注尺寸,如图 11-33 所示。

　(2)极坐标网格法。

　在极坐标系中,网格间距用角度 θ(度或弧度)和直径 $\varnothing$ 来确定,如图 11-34 和图 11-35 所示。

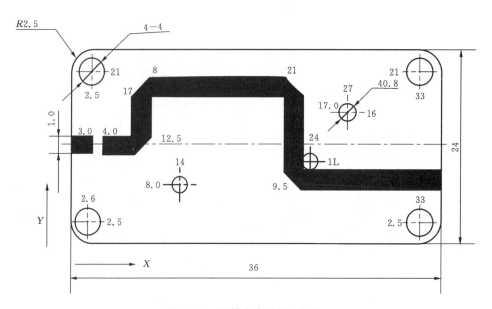

图 11-33　图样上直接标注数值

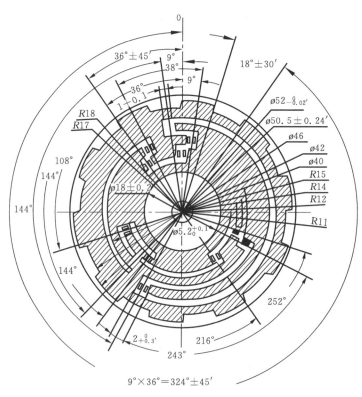

图 11-34　极坐标标注法示例一

（3）混合法。

在一张图上可同时采用尺寸线法和坐标网格法标注尺寸，各元件位置用坐标网格法确定，外轮廓尺寸和安装孔尺寸用尺寸线法标注。

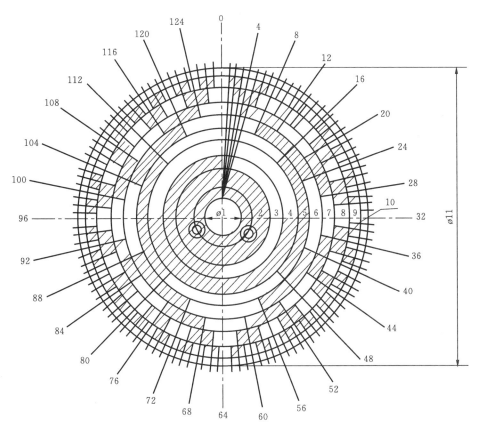

图 11-35　极坐标标注法示例二

2）连接线表示法

在印制板图上，元器件间的连接导线通常应按实际走向画出，有如下四种表示形式。

（1）双线轮廓，如图 11-36（a）所示。

（2）双线轮廓内涂色，如图 11-36（b）所示的黑色；也可用彩色，但连接点不涂色。

（3）双线轮廓线内画剖面线，如图 11-36（c）所示。剖面线的方向必须与坐标网格线有明显区别。

在上述三种表示方法中，印制导线的宽度由坐标网格法确定。

（4）单线表示。当印制导线的宽度小于 1 mm 或宽度基本一致时，连接线可用单线绘制。此时，应注明导线宽度、最小间距等。图 11-37 所示是用单线表示连接线的示例，其中的导线宽度为 0.5 mm，两相邻导线间的间距不小于 0.7 mm，且用文字说明。

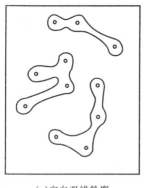 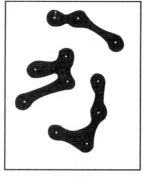 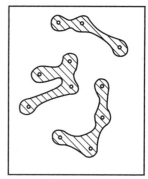

(a)空白双线轮廓   (b)涂色   (c)画剖面线

图 11-36   双线轮廓表示的连接线

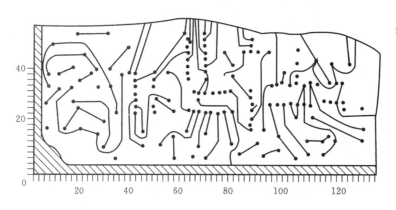

注:(1)4×ø2.5、100×ø0.8
(2)印刷导线宽度为 0.5,
间距不小于 0.7

图 11-37   用单线表示的连接线

当需要指出印制板的某一区域不允许布设连接线时,在图上应用细实线标出界限。

3)元器件的表示方法

在印制板图上,一般应表示出元器件的图形符号、文字符号、实际位置等。

(1)图形符号的应用。在印制板图上,元器件的图形符号有三种形式:

①一般图形符号或简化外形符号,如图 11-38(a)所示;

②象形符号,如图 11-38(b)所示;

③用元器件装接位置标记和它在电原理图、逻辑图中的位号表示,如图 11-38(c)所示。

采用一般图形符号或简化外形符号,其符号应按"电气图用图形符号"相关国家标准的要求绘制。

(2)文字符号的应用。在印制板上标注的元器件文字符号,必须与在电路图中的标注一致。

(3)位置。在印制板图上应合理布置元器件的位置,图上位置和实际位置应是一致的。

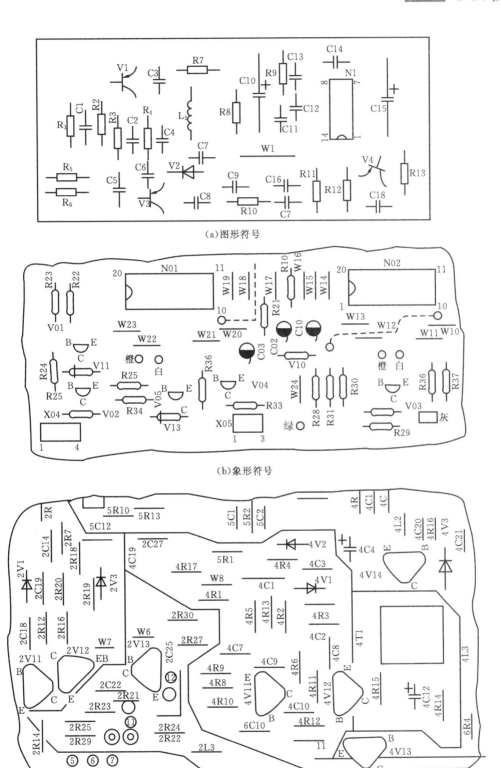

(a)图形符号

(b)象形符号

(c)位置标

图 11-38 元器件的表示方法

(4)简化画法。在图样的技术要求中,已有规定的导电图形和结构要素允许用符号表示,在一块印制板上有规律的重复出现的导电图形可以不全部绘出,但必须指出这些导电图形的分布规律。

4)端子接线孔的表示方法

在印制板上,需要表示元器件端子接线孔。端子接线孔与导电条相接,又称为金属化孔。端子接线孔在印制板图上的表示方法应遵守以下规则。

(1)孔的中心必须在坐标网格线的支点上,如图 11-37 所示。

(2)作圆形排列的孔组的公共中心点必须在坐标网格线的交点上,并且其他孔至少有一个孔的中心位于上述交点的同一坐标网格线上。例如,如图 11-39(a)所示,A、B、C 三孔的中心 O 在坐标网格线的交点上,其中的 A 孔中心与 O 位于同一坐标网格线上。

(3)作非圆形排列的孔组中的孔,至少有一个孔的中心必须在坐标网格线的支点上,其他孔至少有一个孔的中心位于上述交点的同一坐标网格线上,如图 11-39(b)所示。

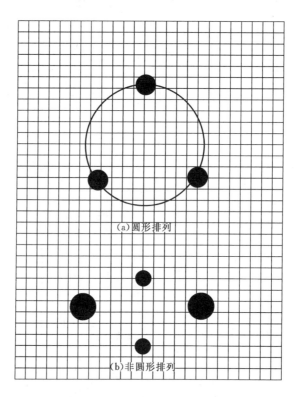

(a)圆形排列

(b)非圆形排列

图 11-39　端子接线孔的表示方法

2.印制板装配图

表示各种元器件和结构件等与印制板连接关系的图称为印制板组装件装配图,简称印制板装配图。

1)印制板装配图的一般要求及其与印制板零件图的区别

印制板装配图与印制板零件图一样,同属印制板图,因此,两者具有许多相同的特点,但由于装配图的功能不同,也有其许多不同的特点。

(1)装配图主要表达元器件,结构件等与印制板的连接关系,因此,必须从装配的角度出发,首先考虑装配者看图方便,根据所装元器件和结构特点,选用恰当的表示方法和视图,一般只画一个视图,要求图面完整、洁晰、简单、明了。

(2)为了便于装配,图样中应有必要的外形尺寸、安装尺寸以及与其他产品的连接位置尺寸等,而不必像印制板零件图那样用坐标网格来确定各元器件的具体安装尺寸。

(3)各种有极性的元器件应在图样中标出极性。

(4)元器件在装配图中有方向要求时,必须标出定位特征标志,其中带有"·"和数字等就是定位标志。

(5)在装配图中,一般不画出导电图形,如果需要表示反面导电图形,可用虚线和色线画出,如图 11-40 所示,用虚线表示导电图形。

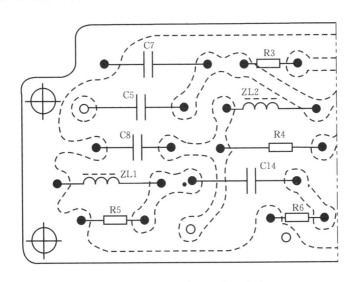

图 11-40　反面导电图形表示方法

(6)装配图样中,要有必要的技术要求和说明,用于指导元器件、结构件的装配和连接。

(7)在印制板装配图中,重复出现的单元图形,可以只画出其中一个单元,其余单元可以简化绘制。

2)印制板装配图示例

图 11-41 所示为印制板装配图。在这个装配图中,标出了外轮廓尺寸和四个安装孔尺寸,图中,较复杂的元器件,如元件"1",采用简化外形,简单的元器件,如电阻、电容、晶体管等采用一般图形符号,图中,没有画出导电图形,但详细地表达了元器件与印制板的连接关

系。显然,绘制和阅读印制板图还必须结合电路图和其他技术文件来进行。

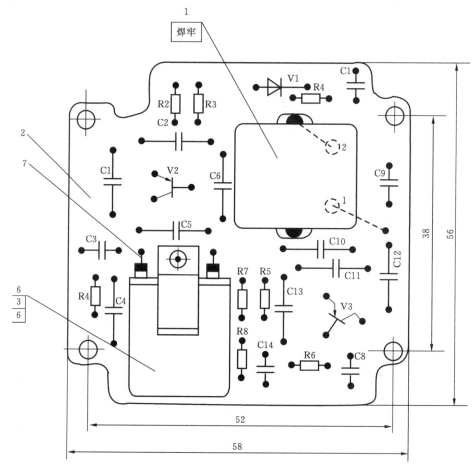

图 11-41 印制板装配图

附录 A AutoCAD 2006 快捷键

表 A1 常用绘图命令

操 作	命 令	操 作	命 令	操 作	命 令
1. 直线	L	8. 圆	C	15. 创建块（内）	B
2. 构造线	XL	9. 修订云线	REVCLOUD	16. 创建块（外）	W
3. 多线	ML	10. 样条曲线	SPL	17. 点	PO
4. 多段线	PL	11. 编辑样条曲线	SPE	18. 图案填充	H
5. 正多边形	POL	12. 椭圆	EL	19. 面域	REG
6. 矩形	REC	13. 椭圆弧	ELLIPSE	20. 多行文字	T
7. 圆弧	A	14. 插入块	I	21. 单行文字	DT

表 A2 常用修改及属性编辑命令

操 作	命 令	操 作	命 令	操 作	命 令
1. 删除	E	7. 旋转	RO	13. 打断	BR
2. 复制	CO	8. 缩放	SC	14. 倒角	CHA
3. 镜像	MI	9. 拉伸	S	15. 圆角	F
4. 偏移	O	10. 修剪	TR	16. 分解	X
5. 阵列	AR	11. 延伸	EX		
6. 移动	M	12. 打断于点	BR		

表 A3 常用标注命令

操 作	命 令	操 作	命 令	操 作	命 令
1. 线性标注	DLI	7. 快速标注	QDIM	13. 编辑标注	DED
2. 对齐标注	DAL	8. 基线标注	DBA	14. 编辑标注文字	DIMTEDIT
3. 坐标标注	DOR	9. 连续标注	DCO	15. 标注样式	D
4. 半径标注	DRA	10. 快速引线	LE	16. 重新关联标注	DRE
5. 直径标注	DDI	11. 公差	TOL	17. 删除标注关联	DDA
6. 角度标注	DAN	12. 圆心标记	DCE	18. 编辑标注特性	PROPERTI

表 A4 标准工具命令

操 作	命 令	操 作	命 令	操 作	命 令
1. 新建文件	NEW	6. 剪切	Ctrl＋X	11. 缩放	Z
2. 打开文件	OPEN	7. 复制	Ctrl＋C	12. 特性管理器	Ctrl＋1
3. 保存文件	SAVE	8. 粘贴	Ctrl＋V	13. 设计中心	Ctrl＋2
4. 打印	Ctrl＋P	9. 放弃	U	14. 工具选项板	Ctrl＋3
5. 打印预览	PRINT/PLOT	10. 平移	P	15. 帮助	F1

附录 B 普通螺纹直径与螺距

（摘自 GB/T 197—2003）

单位:mm

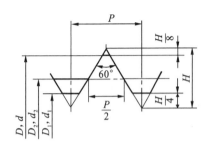

D——内螺纹的基本大径(公称直径)

d——外螺纹的基本大径(公称直径)

D_2——内螺纹的基本中径

d_2——外螺纹的基本中径

D_1——内螺纹的基本小径

d_1——外螺纹的基本小径

P——螺距

H——$\dfrac{\sqrt{3}}{2}P$

标注示例

M24(公称直径为 24 mm、螺距为 3 mm 的粗牙右旋普通螺纹)

M24×1.5－LH(公称直径为 24 mm、螺距为 1.5 mm 的细牙左旋普通螺纹)

公称直径 D、d		螺距 P		粗牙中径 D_2、d_2	粗牙小径 D_1、d_1
第一系列	第二系列	粗牙	细牙		
3		0.5	0.35	2.675	2.459
	3.5	(0.6)		3.110	2.850
4		0.7	0.5	3.545	3.242
	4.5	(0.75)		4.013	3.688
5		0.8		4.480	4.134
6		1	0.75(0.5)	5.350	4.917
8		1.25	1,0.75,(0.5)	7.188	6.647
10		1.5	1.25,1,0.75,(0.5)	9.026	8.376
12		1.75	1.5,1.25,1,0.75,(0.5)	10.863	10.106
	14	2	1.5,(1.25),1,(0.75),(0.5)	12.701	11.835
16		2	1.5,1,(0.75),(0.5)	14.701	13.835
	18	2.5	1.5,1,(0.75),(0.5)	16.376	15.294
20		2.5		18.376	17.294
	22	2.5	2,1.5,1,(0.75),(0.5)	20.376	19.294
24		3	2,1.5,1,(0.75)	22.051	20.752
	27	3	2,1.5,1,(0.75)	25.051	23.752
30		3.5	(3),2,1.5,1,(0.75)	27.727	26.211

注:1.优先选用第一系列,括号内尺寸尽可能不用,第三系列未列入。

2.M14×1.25仅用于火花塞。

附录 C　55°非密封管螺纹

（摘自 GB/T 7307—2001）

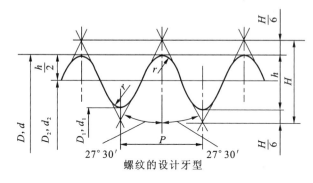

螺纹的设计牙型

标注示例：

G2（尺寸代号 2，右旋，圆柱内螺纹）

G3A（尺寸代号 3，右旋，A 级圆柱外螺纹）

G2—LH（尺寸代号 2，左旋，圆柱外螺纹）

G4B—LH（尺寸代号 4，左旋，B 级圆柱外螺纹）

注：$r = 0.137329P$

　　$P = 25.4/n$

　　$H = 0.960401P$

尺寸代号	每 25.4 mm 内所含的牙数 n	螺距 P/mm	牙高 h/mm	基本直径		
				大径 $d = D$/mm	中径 $d_2 = D_2$/mm	小径 $d_1 = D_1$/mm
1/16	28	0.907	0.581	7.723	7.142	6.561
1/8	28	0.907	0.581	9.728	9.147	8.566
1/4	19	1.337	0.856	13.157	12.301	11.445
3/8	19	1.337	0.856	16.662	15.806	14.950
1/2	14	1.814	1.162	20.955	19.793	18.631
3/4	14	1.814	1.162	26.441	25.279	24.117
1	11	2.309	1.479	33.249	31.770	30.291
1 1/4	11	2.309	1.479	41.910	40.431	38.952
1 1/2	11	2.309	1.479	47.803	46.324	44.845
2	11	2.309	1.479	59.614	58.135	56.656
2 1/2	11	2.309	1.479	75.184	73.705	72.226
3	11	2.309	1.479	87.884	86.405	84.926
4	11	2.309	1.479	113.030	111.551	110.072
5	11	2.309	1.479	138.430	136.951	135.472
6	11	2.309	1.479	163.830	162.351	160.872

附录 D 轴的极限偏差

（摘自 GB/T 1800.2—2009）

单位：μm

基本尺寸 /mm		公 差 带												
		c	d	f	g	h				k	n	p	s	u
大于	至	11	9	7	6	6	7	9	11	6	6	6	6	6
—	3	−60 −120	−20 −45	−6 −16	−2 −8	0 −6	0 −10	0 −25	0 −60	+6 0	+10 +4	+12 +6	+20 +14	+24 +18
3	6	−70 −145	−30 −60	−10 −22	−4 −12	0 −8	0 −12	0 −30	0 −75	+9 +1	+16 +8	+20 +12	+27 +19	+31 +23
6	10	−80 −170	−40 −76	−13 −28	−5 −14	0 −9	0 −15	0 −36	0 −90	+10 +1	+19 +10	+24 +15	+32 +23	+37 +28
10	14	−95 −205	−50 −93	−16 −34	−6 −17	0 −11	0 −18	0 −43	0 −110	+12 +1	+23 +12	+29 +18	+39 +28	+44 +33
14	18													
18	24	−110 −240	−65 −117	−20 −41	−7 −20	0 −13	0 −21	0 −52	0 −130	+15 +2	+28 +15	+35 +22	+48 +35	+54 +41
24	30													+61 +48
30	40	−120 −280	−80 −142	−25 −50	−9 −25	0 −16	0 −25	0 −62	0 −160	+18 +2	+33 +17	+42 +26	+59 +43	+76 +60
40	50	−130 −290												+86 +70
50	65	−140 −330	−100 −174	−30 −60	−10 −29	0 −19	0 −30	0 −74	0 −190	+21 +2	+39 +20	+51 +32	+72 +53	+106 +87
65	80	−150 −340											+78 +59	+121 +102
80	100	−170 −390	−120 −207	−36 −71	−12 −34	0 −22	0 −35	0 −87	0 −220	+25 +3	+45 +23	+59 +37	+93 +71	+146 +124
100	120	−180 −400											+101 +79	+166 +144
120	140	−200 −450											+117 +92	+195 +170
140	160	−210 −460	−145 −245	−43 −83	−14 −39	0 −25	0 −40	0 −100	0 −250	+28 +3	+52 +27	+68 +43	+125 +100	+215 +190
160	180	−230 −480											+133 +108	+235 +210
180	200	−240 −530											+151 +122	+265 +236
200	225	−260 −550	−170 −285	−50 −96	−15 −44	0 −29	0 −46	0 −115	0 −290	+33 +4	+60 +31	+79 +50	+159 +130	+287 +258
225	250	−280 −570											+169 +140	+313 +284

续表

基本尺寸 /mm		公 差 带												
		c	d	f	g	h				k	n	p	s	u
250	280	−300 −620	−190 −320	−56 −108	−17 −49	0 −32	0 −52	0 −130	0 −320	+36 +4	+66 +34	+88 +56	+190 +158	+347 +315
280	315	−330 −650											+202 +170	+382 +350
315	355	−360 −720	−210 −350	−62 −119	−18 −54	0 −36	0 −57	0 −140	0 −360	+40 +4	+73 +37	+98 +62	+226 +190	+426 +390
355	400	−400 −760											+244 +208	+471 +435
400	450	−440 −840	−230 −385	−68 −131	−20 −60	0 −40	0 −63	0 −155	0 −400	+45 +5	+80 +40	+108 +68	+272 +232	+530 +490
450	500	−480 −880											+292 +252	+580 +540

附录 E 孔的极限偏差

（摘自 GB/T 1800.2—2009）

单位:μm

基本尺寸/mm 大于	至	公差带 C 11	D 9	F 8	G 7	H 7	H 8	H 9	H 11	K 7	N 7	P 7	S 7	U 7
—	3	+120 / +60	+45 / +20	+20 / +6	+12 / +2	+10 / 0	+14 / 0	+25 / 0	+60 / 0	0 / −10	−4 / −14	−6 / −16	−14 / −24	−18 / −28
3	6	+145 / +70	+60 / +30	+28 / +10	+16 / +4	+12 / 0	+18 / 0	+30 / 0	+75 / 0	+3 / −9	−4 / −16	−8 / −20	−15 / −27	−19 / −31
6	10	+170 / +80	+76 / +40	+35 / +13	+20 / +5	+15 / 0	+22 / 0	+36 / 0	+90 / 0	+5 / −10	−4 / −19	−9 / −24	−17 / −32	−22 / −37
10	14	+205 / +95	+93 / +50	+43 / +16	+24 / +6	+18 / 0	+27 / 0	+43 / 0	+110 / 0	+6 / −12	−5 / −23	−11 / −29	−21 / −39	−26 / −44
14	18	+205 / +95	+93 / +50	+43 / +16	+24 / +6	+18 / 0	+27 / 0	+43 / 0	+110 / 0	+6 / −12	−5 / −23	−11 / −29	−21 / −39	−26 / −44
18	24	+240 / +110	+117 / +65	+53 / +20	+28 / +7	+21 / 0	+33 / 0	+52 / 0	+130 / 0	+6 / −15	−7 / −28	−14 / −35	−27 / −48	−33 / −54
24	30	+240 / +110	+117 / +65	+53 / +20	+28 / +7	+21 / 0	+33 / 0	+52 / 0	+130 / 0	+6 / −15	−7 / −28	−14 / −35	−27 / −48	−40 / −61
30	40	+280 / +120	+142 / +80	+64 / +25	+34 / +9	+25 / 0	+39 / 0	+62 / 0	+160 / 0	+7 / −18	−8 / −33	−17 / −42	−34 / −59	−51 / −76
40	50	+290 / +130	+142 / +80	+64 / +25	+34 / +9	+25 / 0	+39 / 0	+62 / 0	+160 / 0	+7 / −18	−8 / −33	−17 / −42	−34 / −59	−61 / −86
50	65	+330 / +140	+174 / +100	+76 / +30	+40 / +10	+30 / 0	+46 / 0	+74 / 0	+190 / 0	+9 / −21	−9 / −39	−21 / −51	−42 / −72	−76 / −106
65	80	+340 / +150	+174 / +100	+76 / +30	+40 / +10	+30 / 0	+46 / 0	+74 / 0	+190 / 0	+9 / −21	−9 / −39	−21 / −51	−48 / −78	−91 / −121
80	100	+390 / +170	+207 / +120	+90 / +36	+47 / +12	+35 / 0	+54 / 0	+87 / 0	+220 / 0	+10 / −25	−10 / −45	−24 / −59	−58 / −93	−111 / −146
100	120	+400 / +180	+207 / +120	+90 / +36	+47 / +12	+35 / 0	+54 / 0	+87 / 0	+220 / 0	+10 / −25	−10 / −45	−24 / −59	−66 / −101	−131 / −166
120	140	+450 / +200	+245 / +145	+106 / +43	+54 / +14	+40 / 0	+63 / 0	+100 / 0	+250 / 0	+12 / −28	−12 / −52	−28 / −68	−77 / −117	−155 / −195
140	160	+460 / +210	+245 / +145	+106 / +43	+54 / +14	+40 / 0	+63 / 0	+100 / 0	+250 / 0	+12 / −28	−12 / −52	−28 / −68	−85 / −125	−175 / −215
160	180	+480 / +230	+245 / +145	+106 / +43	+54 / +14	+40 / 0	+63 / 0	+100 / 0	+250 / 0	+12 / −28	−12 / −52	−28 / −68	−93 / −133	−195 / −235
180	200	+530 / +240	+285 / +170	+122 / +50	+61 / +15	+46 / 0	+72 / 0	+115 / 0	+290 / 0	+13 / −33	−14 / −60	−33 / −79	−105 / −151	−219 / −265
200	225	+550 / +260	+285 / +170	+122 / +50	+61 / +15	+46 / 0	+72 / 0	+115 / 0	+290 / 0	+13 / −33	−14 / −60	−33 / −79	−113 / −159	−241 / −287
225	250	+570 / +280	+285 / +170	+122 / +50	+61 / +15	+46 / 0	+72 / 0	+115 / 0	+290 / 0	+13 / −33	−14 / −60	−33 / −79	−123 / −169	−267 / −313

续表

基本尺寸 /mm		公 差 带												
		C	D	F	G	H				K	N	P	S	U
250	280	+620 +300	+320 +190	+137 +56	+69 +17	+52 0	+81 0	+130 0	+320 0	+16 −36	−14 −66	−36 −88	−138 −190	−295 −347
280	315	+650 +330											−150 −202	−330 −382
315	355	+720 +360	+350 +210	+151 +62	+75 +18	+57 0	+89 0	+140 0	+360 0	+17 −40	−16 −73	−41 −98	−169 −226	−369 −426
335	400	+760 +400											−187 −244	−414 −471
400	450	+840 +440	+385 +230	+165 +68	+83 +20	+63 0	+97 0	+155 0	+400 0	+18 −45	−17 −80	−45 −108	−209 −272	−467 −530
450	500	+880 +480											−229 −292	−517 −580

参考文献 CANKAOWENXIAN

［1］金大鹰.机械制图(非机械类)［M］.北京:机械工业出版社,2004.

［2］周鹏翔.工程制图(非机械类)［M］.北京:高等教育出版社,2003.

［3］徐盛学.AutoCAD 机械绘图［M］.北京:清华大学出版社,2005.

［4］王国君.电气制图与读图手册［M］.北京:科学普及出版社,1995.

基于工作过程导向的项目化创新系列教材
高等职业教育机电类"十四五"规划教材

机械设计基础（第2版）

机械设计基础学习指导与题解

机械设计基础课程设计及题解

机械制造技术

机械制造基础

液压与气动技术（第4版）

单片机应用技术（第2版）

公差配合与测量技术

液压气动技术

液压与气动习题实验指导（第2版）

机械制图

机械制图习题集

工程力学

机电传动控制（第2版）

AutoCAD工程制图基础教程（第2版）

工程制图与CAD（非机械类）(第3版)

工程制图与CAD习题集（非机械类）（第2版）

液压与气压传动

MasterCAM基础与应用

数控加工与编程

UG NX 10.0数控编程与加工教程

数控加工编程与应用

数控机床

数控机床编程及操作

数控手动编程

数控自动编程

注塑模具课程设计指导

电工与电子技术基础

液压系统故障诊断与维修

机电设备故障诊断与维修

机械制造工艺与机床夹具

C语言编程实践

电气控制与PLC技术

单片机接口应用实践

工程材料与热加工

机电安装工程项目管理

AutoCAD机械绘图项目教程

电机及控制技术

电机设计

CAD/CAM应用项目实例教程

变频器及应用技术

传感器与应用技术

ISBN 978-7-5680-1242-3

02>

9 787568 012423

策划编辑：张　毅
责任编辑：张　毅

华中机汽

定价：42.00元